できる ポケット

エクセル

Excel
ピボットテーブル
基本&活用マスターブック

Office 2021/2019/2016 & Microsoft 365 対応

門脇香奈子 & できるシリーズ編集部

インプレス

本書の読み方

関連情報

レッスンの操作内容を補足する要素を種類ごとに色分けして掲載しています。

💡 使いこなしのヒント

操作を進める上で役に立つヒントを掲載しています。

⌨ ショートカットキー

キーの組み合わせだけで操作する方法を紹介しています。

⏱ 時短ワザ

手順を短縮できる操作方法を紹介しています。

🔎 用語解説

覚えておきたい用語を解説しています。

⚠ ここに注意

間違えがちな操作の注意点を紹介しています。

関連レッスン

レッスンで解説する内容と関連の深い、他のレッスンの一覧です。レッスン名とページを掲載しています。

レッスン
06 ピボットテーブルの作成手順を知ろう

動画で見る

ピボットテーブルの作成　　　　練習用ファイル L06_作成手順.xlsx

集計表の土台を作る

一般的に集計表の作成は、表の上端と左端に項目名を入力し、列と行の交差するセルに集計結果を表示します。一方、ピボットテーブルの場合、項目名を入力する必要はありません。ピボットテーブルは、フィールド名を配置してさまざまな集計表を作成できます。

Before

	A	B	C	D	E	F	G	H	I	J	K	L
1	売上番号	明細番号	日付	顧客番号	顧客名	担当者	地区	商品番号	商品名	価格	数
2	101	1	2022/1/1	K101	自然食品の佐藤	高橋祥吾	東北地区	B101	名物そば	麺類	¥6,800	
3	101	2	2022/1/1	K101	自然食品の佐藤	高橋祥吾	東北地区	C101	濃厚茶漬け	魚介類	¥11,500	
4	102	3	2022/1/1	K102	ふるさと土産	増田大樹	東京地区	B103	米料そば	麺類	¥6,800	
5	102	4	2022/1/1	K102	ふるさと土産	増田大樹	東京地区	B104	佐藤翼そば	麺類	¥6,500	
6	103	5	2022/1/1	K103	お取り寄せの家	佐久間涼子	九州地区	A101	三色大福	菓子類	¥5,800	
7	103	6	2022/1/1	K103	お取り寄せの家	佐久間涼子	九州地区	A103	窯タルト	菓子類	¥5,200	

After

◆レイアウトセクション

商品を指定する → 手順2　　地区を指定する → 手順3

次のボックス間でフィールドをドラッグしてください:

▼ フィルター
商品名 ▼（行）
合計 / 計 ▼（値）
地区（列）

金額を合計する → 手順4

商品ごとに地区別の売上金額を集計できる

	A	B	C	D	E
1					
2	合計 / 計	列ラベル ▼			
3	行ラベル ▼	九州地区	大阪地区	東京地区	総計
4	名物そば	3910000	3132000	6970000	14212000
5	名物うどん	6435000	4680000	5290000	16315000
6	米料そば	2108000	2312000	2652000	7072000
7	佐藤翼そば	1560000	3120000	3965000	8645000
8	日本大穂	3190000	3248000	3364000	9802000
9	抹茶プリン		2530000	1702000	4232000
10	葛すい	3978000	2964000	3536000	10478000
11	貼いくら丼	2450000	2842000	1764000	7056000
12	濃厚茶漬け	3507500		3277500	6785000
13	焼のしセット		2862000	2646000	5508000
15	総計	27138500	27890000	35076000	90105000

🔗 関連レッスン

レッスン02	ピボットテーブルの各部の名称を知ろう	p.20
レッスン07	集計元のデータを修正するには	p.42

練習用ファイル

レッスンで使用する練習用ファイルの名前です。ダウンロード方法などは4ページをご参照ください。

動画で見る

パソコンやスマートフォンなどで視聴できる無料のYouTube動画です。詳しくは16ページをご参照ください。

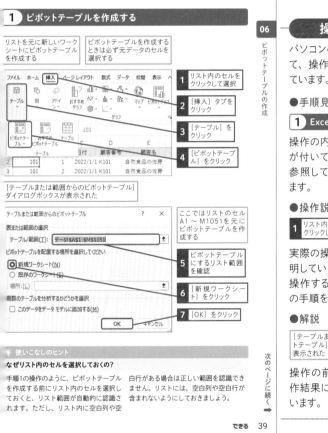

1 ピボットテーブルを作成する

リストを元に新しいワークシートにピボットテーブルを作成する

ピボットテーブルを作成するときは必ず元データのセルを選択する

1 リスト内のセルをクリックして選択

2 [挿入] タブをクリック

3 [テーブル] をクリック

4 [ピボットテーブル] をクリック

[テーブルまたは範囲からのピボットテーブル] ダイアログボックスが表示された

ここではリストのセルA1～M1051を元にピボットテーブルを作成する

5 ピボットテーブルにするリスト範囲を確認

6 [新規ワークシート] をクリック

7 [OK] をクリック

使いこなしのヒント

なぜリスト内のセルを選択しておくの?

手順1の操作のように、ピボットテーブルを作成する前にリスト内のセルを選択しておくと、リスト範囲が自動的に認識されます。ただし、リスト内に空白列や空白行がある場合は正しい範囲を認識できません。リストには、空白列や空白行が含まれないようにしておきましょう。

できる 39

06

ピボットテーブルの作成

操作手順

パソコンの画面を撮影して、操作を丁寧に解説しています。

●手順見出し

1 Excelを起動するには

操作の内容ごとに見出しが付いています。目次で参照して探すことができます。

●操作説明

1 リスト内のセルをクリックして選択

実際の操作を1つずつ説明しています。番号順に操作することで、一通りの手順を体験できます。

●解説

[テーブルまたは範囲からのピボットテーブル] ダイアログボックスが表示された

操作の前提や意味、操作結果について解説しています。

次のページに続く➡

※ここに掲載している紙面はイメージです。
実際のレッスンページとは異なります。

できる 3

練習用ファイルの使い方

本書では、レッスンの操作をすぐに試せる無料の練習用ファイルを用意しています。ダウンロードした練習用ファイルは必ず展開して使ってください。ここではMicrosoft Edgeを使ったダウンロードの方法を紹介します。

▼練習用ファイルのダウンロードページ
https://book.impress.co.jp/books/1122101073

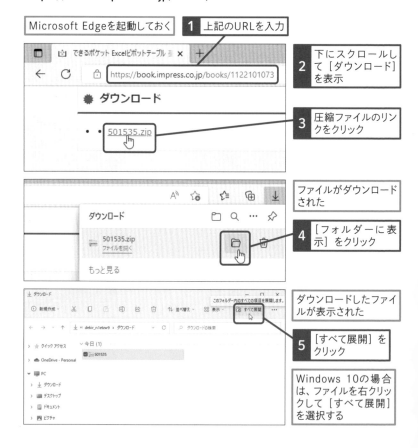

| Microsoft Edgeを起動しておく | **1** 上記のURLを入力 |

2 下にスクロールして［ダウンロード］を表示

3 圧縮ファイルのリンクをクリック

ファイルがダウンロードされた

4 ［フォルダーに表示］をクリック

ダウンロードしたファイルが表示された

5 ［すべて展開］をクリック

Windows 10の場合は、ファイルを右クリックして［すべて展開］を選択する

●練習用ファイルを使えるようにする

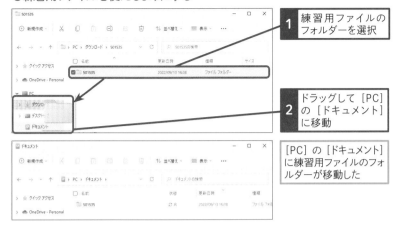

1	練習用ファイルのフォルダーを選択
2	ドラッグして [PC] の [ドキュメント] に移動
	[PC] の [ドキュメント] に練習用ファイルのフォルダーが移動した

⚠ ここに注意

インターネットを経由してダウンロードしたファイルを開くと、保護ビューで表示されます。ウイルスやスパイウェアなど、セキュリティ上問題があるファイルをすぐに開いてしまわないようにするためです。ファイルの入手時に配布元をよく確認して、安全と判断できた場合は [編集を有効にする] ボタンをクリックしてください。

練習用ファイルの内容

練習用ファイルには章ごとにファイルが格納されており、ファイル先頭の「L」に続く数字がレッスン番号、次がレッスンのサブタイトルを表します。練習用ファイルが複数あるものは、手順見出しに使用する練習用ファイルを記載しています。手順実行後のファイルは、[手順実行後] フォルダーに格納されており、収録できるもののみ入っています。

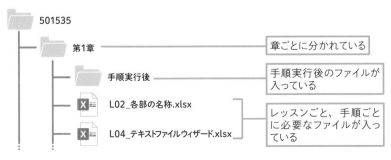

- 501535
  - 第1章 ──── 章ごとに分かれている
    - 手順実行後 ──── 手順実行後のファイルが入っている
    - L02_各部の名称.xlsx
    - L04_テキストファイルウィザード.xlsx ──── レッスンごと、手順ごとに必要なファイルが入っている

目次

基本編

第3章 表の項目を切り替えよう 53

基本編

第5章　表を見やすく加工しよう　　133

活用編

第8章　ひとつ上のテクニックを試そう　　211

動画について

操作を確認できる動画をYouTube動画で参照できます。画面の動きがそのまま見られるので、より理解が深まります。二次元バーコードが読めるスマートフォンなどからはレッスンタイトル横にある二次元バーコードを読むことで直接動画を見ることができます。パソコンなど二次元バーコードが読めない場合は、以下の動画一覧ページからご覧ください。

▼動画一覧ページ
https://dekiru.net/pivot2021p

●用語の使い方

本文中では、「Microsoft Excel 2021」のことを、「Excel 2021」または「Excel」、「Microsoft 365 Personal」の「Excel」のことを、「Microsoft 365」または「Excel」と記述しています。また、本文中で使用している用語は、基本的に実際の画面に表示される名称に則っています。

●本書の前提

本書では、「Windows 11」に「Microsoft Excel 2021」がインストールされているパソコンで、インターネットに常時接続されている環境を前提に画面を再現しています。

●本書に掲載されている情報について

本書で紹介する操作はすべて、2022年8月現在の情報です。
本書は2022年9月発刊の『できるExcelピボットテーブル Office 2021/2019/2016 & Microsoft 365対応』の一部を再編集し構成しています。重複する内容があることを、あらかじめご了承ください。

基本編

第 **1** 章

ピボットテーブルで効率よくデータを分析しよう

ピボットテーブルの機能を使えば、Excelのデータを、まるで魔法をかけたかのようにあっという間に集計表の形に変えられます。この章ではまず、その驚くべき変身ぶりを紹介します。また、ピボットテーブルは、売り上げデータなどのリストから作成します。リスト作りのルールも知っておきましょう。

01 ピボットテーブルの特徴を知ろう

ピボットテーブルの特徴　　　　練習用ファイル　なし

集計表をさまざまな角度から分析できる

ピボットテーブルが「魔法の集計表」と言われるのは、リストを集計表の形にできるだけではなく、集計表をさまざまな形に変えられる点にもあります。ピボットテーブルの元のリストに含まれる1件1件のデータの中には、「どの地区で」「誰が」「何を」「いくつ」購入したのかなど、複数の情報が含まれます。ピボットテーブルでは、それらの情報を管理する「地区名」「顧客名」「商品名」「数量」といった見出しをフルに活用し、集計する項目を指定したり、入れ替えたりして集計表の配置を素早く変えることができるのです。担当者別にまとめた表を、地区別にまとめた表に変えて集計結果を確認するなど、ピボットテーブルならさまざまな角度からデータを集計できます。

関連レッスン

レッスン02
ピボットテーブルの
各部の名称を知ろう
　　　　　　p.20

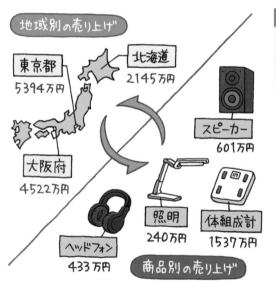

ピボットテーブルを利用すると、地区別売上表から商品別売上表へと簡単に集計方法を変更できる

マウス操作で瞬時に集計できる

ピボットテーブルの集計表は、マウスの操作で項目の入れ替えやデータの絞り込み、データの内訳表示、集計方法の変更などを簡単に実行できます。下の画面は、「商品ごとの集計表」で商品を絞り込んで表示したものと、「顧客ごとの集計表」の項目を入れ替えて「商品ごと地区ごとの集計表」にした例です。いずれの変更も、行や列の追加や削除、データのコピーや貼り付けなどの操作はまったく必要ありません。煩雑な操作をせずに、見たい集計結果を表示できます。

●データの絞り込み

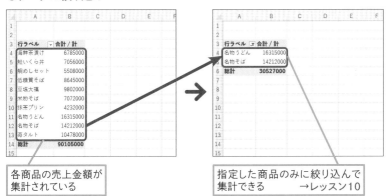

各商品の売上金額が
集計されている

指定した商品のみに絞り込んで
集計できる　　　→レッスン10

●レイアウトの変更

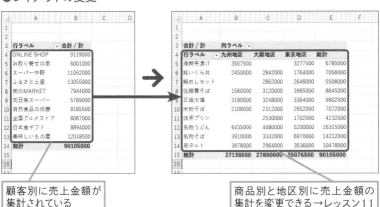

顧客別に売上金額が
集計されている

商品別と地区別に売上金額の
集計を変更できる→レッスン11

02 ピボットテーブルの 各部の名称を知ろう

| 各部の名称 | 練習用ファイル | L02_各部の名称.xlsx |

基本編
第1章 ピボットテーブルで効率よくデータを分析しよう

項目はフィールドに表示される

ピボットテーブルには、「行」「列」「値」「フィルター」という4つの領域があります。ピボットテーブルで集計表を作成するときは、画面の右側に表示されている[フィールドリスト]ウィンドウの[フィールドセクション]から、[レイアウトセクション（エリアセクション）]にある4つの領域に、必要な項目を配置して作成します。具体的な操作については第3章で紹介しますが、このレッスンではピボットテーブルの画面各部の名称を紹介します。名称が分からなくなったら、このページに戻って確認してください。

◆フィルター
フィールド

◆フィルターボタン
配置されているフィールドの項目を絞り込める

◆ピボットテーブル分析/デザイン
ピボットテーブルを選択すると表示されるタブ

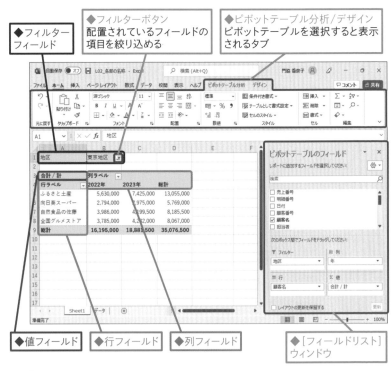

◆値フィールド ◆行フィールド ◆列フィールド ◆[フィールドリスト]ウィンドウ

フィールドリストが操作の要

ピボットテーブルでは、ピボットテーブルを選択すると表示される [フィールドリスト] ウィンドウを使用して、集計表の内容を指定します。[フィールドリスト] ウィンドウの上部にある [フィールドセクション] には、ピボットテーブルの元のリストにある項目の一覧が自動的に表示されます。項目一覧の中で、チェックの付いている項目は、集計表の項目名や集計値になっていることを示します。また、フィルターのアイコンが付いている項目は、表示内容を絞り込んでいることを示します。ピボットテーブルを思い通りに作成するには、[フィールドリスト] ウィンドウの見方や操作を理解することが重要です。

● [フィールドリスト] ウィンドウ

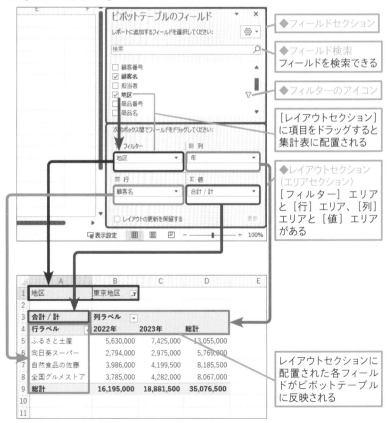

◆フィールドセクション

◆フィールド検索
フィールドを検索できる

◆フィルターのアイコン

[レイアウトセクション] に項目をドラッグすると集計表に配置される

◆レイアウトセクション
（エリアセクション）
[フィルター] エリアと [行] エリア、[列] エリアと [値] エリアがある

レイアウトセクションに配置された各フィールドがピボットテーブルに反映される

次のページに続く➡

［ピボットテーブル分析］タブの内容を知ろう

ピボットテーブル内のセルを選択すると、2つのタブが表示されます。［ピボットテーブル分析］タブでは、ピボットテーブルの集計方法や元のリスト範囲を変更するなど、主に、ピボットテーブルのデータを編集するときに使用します。

●データの編集や分析に利用する［ピボットテーブル分析］タブ

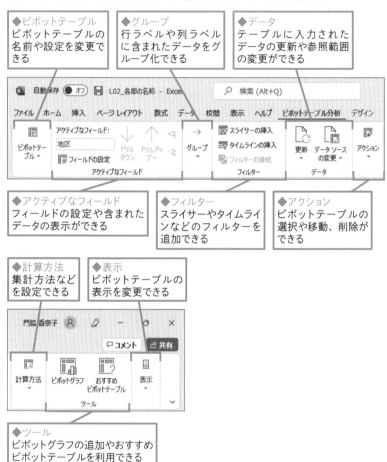

◆ピボットテーブル
ピボットテーブルの名前や設定を変更できる

◆グループ
行ラベルや列ラベルに含まれたデータをグループ化できる

◆データ
テーブルに入力されたデータの更新や参照範囲の変更ができる

◆アクティブなフィールド
フィールドの設定や含まれたデータの表示ができる

◆フィルター
スライサーやタイムラインなどのフィルターを追加できる

◆アクション
ピボットテーブルの選択や移動、削除ができる

◆計算方法
集計方法などを設定できる

◆表示
ピボットテーブルの表示を変更できる

◆ツール
ピボットグラフの追加やおすすめピボットテーブルを利用できる

［デザイン］タブで見ためを整える

［デザイン］タブは、ピボットテーブルのデザインやレイアウトを変更したりする
ときに使います。なお、本書では1,024×768の環境で画面を解説しています。
解像度の違いによってボタンの位置や見ためが変わることに注意してください。

●レイアウトを編集する［デザイン］タブ

◆レイアウト
小計や総計を非表示にするなど、ピボット
テーブルのレイアウトを変更できる

◆ピボットテーブルスタイル
ピボットテーブルの書式をまとめて
変更できる

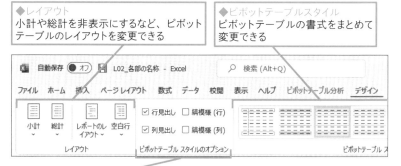

◆ピボットテーブルスタイルのオプション
ピボットテーブルの書式を個別に変更できる

タブの名前について

［ピボットテーブル分析］タブや［デザイ
ン］タブ、ピボットグラフに使用するタ
ブの名前は、お使いのExcelのバージョン
によって異なる場合があります。

集計データを集める ときのルールを知ろう

リストの入力 　　　　　　　　　　　　　練習用ファイル　なし

リスト作りの「お約束」とは

ピボットテーブルの元のリストを見てみましょう。リスト作りには、「空白行を入れない」「空白列を入れない」「先頭の見出しはデータとは異なる書式を付ける」など、守らなければならないいくつかのルールがあります。例えば、「空白行を含めない」というルールに反してしまうと、空白行の位置から下のデータが集計されなくなるなど、正しい集計結果にならないことがあるので注意が必要です。

◆フィールド名
リストの項目見出し。フィールド名は見出しとして区別するため、書式を設定しておく

◆レコード
1行分がひとまとまりのデータになり1レコードになる

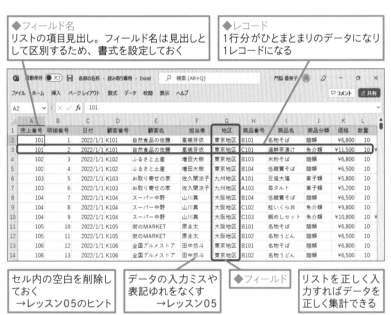

セル内の空白を削除しておく
→レッスン05のヒント

データの入力ミスや表記ゆれをなくす
→レッスン05

◆フィールド

リストを正しく入力すればデータを正しく集計できる

1 フィールド名に書式を設定する

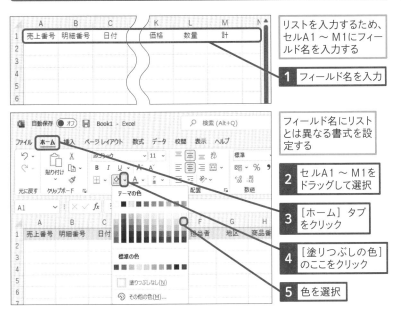

リストを入力するため、セルA1〜M1にフィールド名を入力する

1 フィールド名を入力

フィールド名にリストとは異なる書式を設定する

2 セルA1〜M1をドラッグして選択

3 [ホーム]タブをクリック

4 [塗りつぶしの色]のここをクリック

5 色を選択

2 入力できたデータを確認する

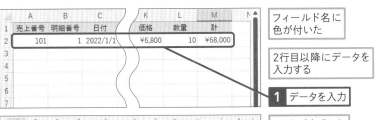

フィールド名に色が付いた

2行目以降にデータを入力する

1 データを入力

リストが完成した

このレッスンでは、下の画面のようにリストを完成させる必要はない

必要に応じて列幅を変えておく

04 テキストファイルを Excelで開くには

テキストファイルウィザード　　　**練習用ファイル**　L04_テキストファイルウィザード.txt

データの種類を確認しておこう

このレッスンでは、集計表の元のリストを用意します。ここでは、すでにあるテキストファイルを開きます。テキストファイルや、CSV形式で保存されているファイルをExcelで開くときは、事前にどの列にどのような種類のデータが入っているか確認しておきましょう。

Before

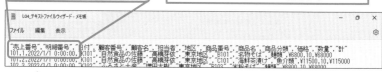

"売上番号","明細番号",
101,1,2022/1/1 0:00:00,

「,」（コンマ）やタブなどで区切られているテキストファイルをリストに利用する

テキストファイルをExcelに取り込めば、リスト入力の手間が省ける

After

	A	B	C	D	E	F	G	H	I	J	K	L	M
1	売上番号	明細番号	日付	顧客番号	顧客名	担当者	地区	商品番号	商品名	商品分類	価格	数量	計
2	101	1	2022/1/1 0:00	K101	自然食品名	高橋芽依	東京地区	B101	名物そば	麺類	¥6,800	10	¥68,000
3	101	2	2022/1/1 0:00	K101	自然食品名	高橋芽依	東京地区	C101	海鮮茶漬	魚介類	¥11,500	10	¥115,000
4	102	3	2022/1/1 0:00	K102	ふるさと土	増田大樹	東京地区	B103	米粉そば	麺類	¥6,800	10	¥68,000
5	102	4	2022/1/1 0:00	K102	ふるさと土	増田大樹	東京地区	B104	低糖質そ	麺類	¥6,500	10	¥65,000
6	103	5	2022/1/1 0:00	K103	お取り寄せ	佐久間涼子	九州地区	A101	豆塩大福	菓子類	¥5,800	10	¥58,000
7	103	6	2022/1/1 0:00	K103	お取り寄せ	佐久間涼子	九州地区	A103	苺タルト	菓子類	¥5,200	10	¥52,000
8	104	7	2022/1/1 0:00	K104	スーパー山	山川真	大阪地区	B104	低糖質そ	麺類	¥6,500	10	¥65,000
9	104	8	2022/1/1 0:00	K104	スーパー山	山川真	大阪地区	C102	鮭いくら丼	魚介類	¥9,800	10	¥98,000
10	104	9	2022/1/1 0:00	K104	スーパー山	山川真	大阪地区	C103	鯛めしセ	魚介類	¥10,800	10	¥108,000
11	105	10	2022/1/1 0:00	K105	街のMARI	原圭太	大阪地区	B101	名物そば	麺類	¥6,800	10	¥68,000
12	105	11	2022/1/1 0:00	K105	街のMARI	原圭太	大阪地区	B102	名物うど	麺類	¥6,500	10	¥65,000
13	106	12	2022/1/1 0:00	K106	全国グル	田中悠斗	東京地区	B101	名物そば	麺類	¥6,800	10	¥68,000
14	106	13	2022/1/1 0:00	K106	全国グル	田中悠斗	東京地区	B102	名物うど	麺類	¥6,500	10	¥65,000
15	107	14	2022/1/1 0:00	K107	向日葵ス	鈴木彩	東京地区	A101	豆塩大福	菓子類	¥5,800	10	¥58,000

🔗 関連レッスン

1 テキストファイルを開く準備をする

練習用ファイルの [L04_テキストファイルウィザード.txt]
をメモ帳などで開いておく

1 データの区切り記号を確認

"売上番号","明細番号","日付
101,1,2022/1/1 0:00:00,"K10

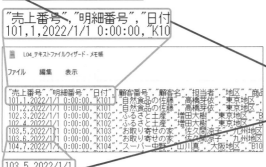

ここでは、データが「,」
(コンマ)で区切られ
ている

2 フィールド名が
あるかを確認

3 各フィールドのデー
タ型（日付または
文字）を確認

内容を確認したらメモ
帳を閉じておく

Excelを起動しておく

空白のブックを開いて
いるときは [ファイル]
タブの [開く] をクリッ
クする

4 [開く] をクリック

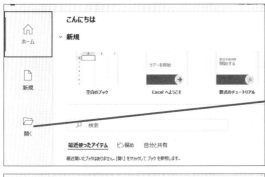

[開く] の画面が
表示された

5 [参照] を
クリック

次のページに続く➡

2 データのファイル形式を選択する

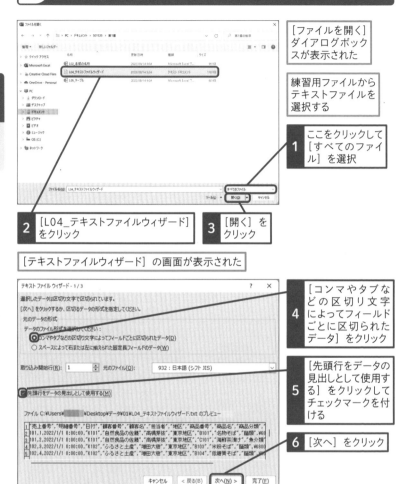

[ファイルを開く]ダイアログボックスが表示された

練習用ファイルからテキストファイルを選択する

1 ここをクリックして[すべてのファイル]を選択

2 [L04_テキストファイルウィザード]をクリック

3 [開く]をクリック

[テキストファイルウィザード]の画面が表示された

4 [コンマやタブなどの区切り文字によってフィールドごとに区切られたデータ]をクリック

5 [先頭行をデータの見出しとして使用する]をクリックしてチェックマークを付ける

6 [次へ]をクリック

💡 使いこなしのヒント

「####」の意味とは

Excelでは、数値や日付データの一部が隠れてしまう場合は、「####」の記号が表示されます。データを表示するには、手順5のように表示形式を変更したり、列幅を広げたりして数値や日付データがすべて見えるようにします。

基本編 第1章 ピボットテーブルで効率よくデータを分析しよう

28 **できる**

3 区切り文字を選択する

ここではコンマ区切りのテキストを取り込むため、
[区切り文字] の設定を変更する

1 [タブ] をクリックしてチェックマークをはずす

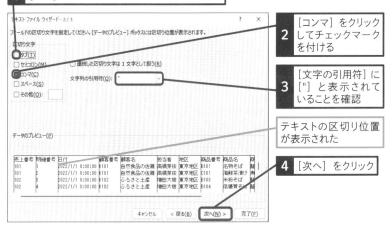

2 [コンマ] をクリックしてチェックマークを付ける

3 [文字の引用符] に [""] と表示されていることを確認

テキストの区切り位置が表示された

4 [次へ] をクリック

4 列のデータ形式を選択する

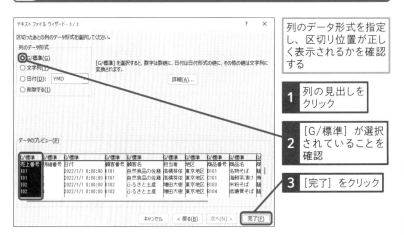

列のデータ形式を指定し、区切り位置が正しく表示されるかを確認する

1 列の見出しをクリック

2 [G/標準] が選択されていることを確認

3 [完了] をクリック

次のページに続く➡

5 フィールド名に書式を設定する

テキストファイルがExcelに取り込まれた	1行目のフィールド名に色を付けて見出しとして区別する

1 セルA1 ～ M1をドラッグして選択

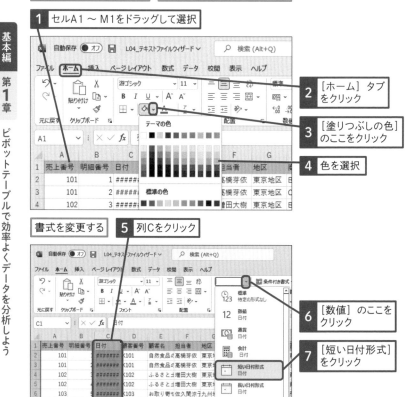

2 [ホーム] タブをクリック

3 [塗りつぶしの色] のここをクリック

4 色を選択

書式を変更する	**5** 列Cをクリック

6 [数値] のここをクリック

7 [短い日付形式] をクリック

6 ファイルを保存する

Excelに取り込んだデータを保存する

1 [ファイル] タブをクリック

●ファイルの保存先を選択する

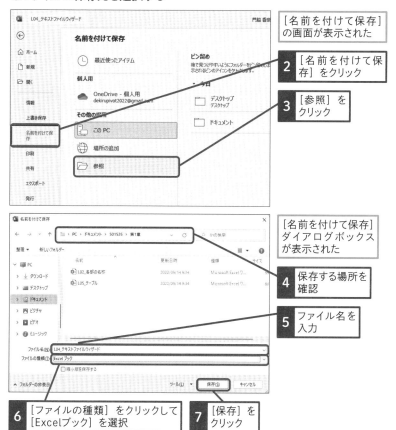

[名前を付けて保存]の画面が表示された

2 [名前を付けて保存]をクリック

3 [参照]をクリック

[名前を付けて保存]ダイアログボックスが表示された

4 保存する場所を確認

5 ファイル名を入力

6 [ファイルの種類]をクリックして[Excelブック]を選択

7 [保存]をクリック

使いこなしのヒント

取り込んだテキストファイルを保存するときは注意しよう

テキストファイルをExcelに取り込んだ後、ファイルを保存しようとすると、ファイルの種類が[テキスト(タブ区切り)]になっています。テキスト形式のファイルは文字情報しか保存できないため、テキスト形式のままファイルを保存して閉じてしまうと、表の書式やピボットテーブルなどが削除されてしまうので注意が必要です。テキスト形式のデータを取り込んで、Excelの形式でファイルを保存するときは、手順6の[名前を付けて保存]ダイアログボックスで、[ファイルの種類]を[Excelブック]にして保存しましょう。

| テーブル | 練習用ファイル | L05_テーブル.xlsx |

膨大なデータから表記ゆれをすぐに見つける

集計元のリストに表記ゆれがあると、正しい集計結果になりません。例えば、同じ商品でも、漢字で書いたものとひらがなで書いたものが混在していたり、全角文字と半角文字が混在していたりすると、それぞれ違う商品として集計されてしまいます。しかし、膨大なデータの中から表記ゆれを見つけるのは至難の業です。このような場合には、テーブルの機能を利用し、フィールド内のデータを確認しましょう。表記ゆれの有無を素早く確認できて便利です。

入力ミスを見つけて修正する

Before

表記が混在していて正しく集計できていない

After

表記が統一され、正確に集計されている

🔗 関連レッスン

1 リスト範囲をテーブルに変換する

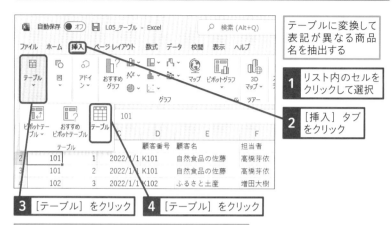

テーブルに変換して表記が異なる商品名を抽出する

1 リスト内のセルをクリックして選択

2 [挿入] タブをクリック

3 [テーブル] をクリック

4 [テーブル] をクリック

[テーブルの作成] ダイアログボックスが表示された

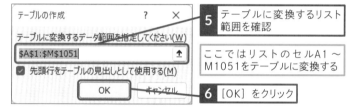

5 テーブルに変換するリスト範囲を確認

ここではリストのセルA1 ～ M1051をテーブルに変換する

6 [OK] をクリック

ショートカットキー

クイック分析ツールの実行
Ctrl + Q

テーブルの作成
Ctrl + T

使いこなしのヒント

テーブルって何?

テーブルとは、リスト形式で集めたデータを効率よく管理するための機能です。例えば、データの抽出や並べ替え、集計 なども簡単に実行できるようになります。なお、テーブルは後から普通のセル範囲に戻すこともできます。

次のページに続く→

2 表記が異なるデータを抽出する

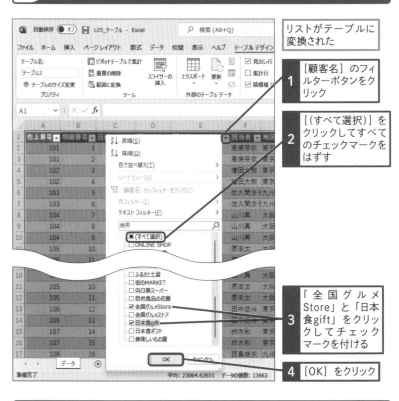

リストがテーブルに変換された

1 [顧客名] のフィルターボタンをクリック

2 [(すべて選択)] をクリックしてすべてのチェックマークをはずす

3 「全国グルメStore」と「日本食gift」をクリックしてチェックマークを付ける

4 [OK] をクリック

3 表記を修正する

フィールド名が [顧客名] のデータから表記がゆれている顧客のみが抽出された

	A	B	C	D	E	F	G
1	売上番号	明細番号	日付	顧客番号	顧客名		地区
14	106	13	2022/1/1	K106	全国グルメストア		東京地区
22	110	21	2022/1/1	K110	日本食gift	浜野翔	大阪地区
23	110	22	2022/1/1	K110	日本食gift	浜野翔	大阪地区
1052							
1053							

1 「全国グルメストア」と入力

2 同様に抽出された顧客名を修正

「日本食gift」を「日本食ギフト」に修正する

全角文字を入力した後、セルをコピーして該当のセルに貼り付けてもいい

05

テーブル

※ 使いこなしのヒント

文字の前後に空白があるときは

文字の前後に空白が含まれている場合とそうでない場合とでは、別のデータとして認識されてしまいます。空白が含まれ ているデータとそうでないデータが混在しているときは、TRIM関数を使って余計な空白を取り除きます。

テーブルをセル範囲に戻しておく	新しい列を挿入しておく

文字列の先頭と末尾に空白（スペース）が含まれている

E	F	G
号 顧客名	顧客名	担当者
自然食品の佐藤	=TRIM(E2)	高橋芽依
自然食品の佐藤		高橋芽依
ふるさと土産		増田大樹
ふるさと土産		増田大樹
お取り寄せの家		佐久間涼
お取り寄せの家		佐久間涼
スーパー中野		山川真
スーパー中野		山川真

1 「=TRIM(E2)」と入力

2 Enter キーを押す

3 セルF2のフィルハンドルをダブルクリック

E	F	G
号 顧客名	顧客名	担当者
自然食品の佐藤	自然食品の佐藤	高橋芽依
自然食品の佐藤		高橋芽依
ふるさと土産		増田大樹
ふるさと土産		増田大樹
お取り寄せの家		佐久間涼
お取り寄せの家		佐久間涼
スーパー中野		山川真
スーパー中野		山川真

列番号Fをコピーして同じ列にその値を貼り付け、修正前の列番号Eを削除しておく

※ 使いこなしのヒント

テーブルを通常のセル範囲に戻すには

テーブルをセル範囲に変更するには、テーブル内のセルをクリックした後、以 下のように操作します。

1 テーブル内をクリックして [テーブルデザイン] タブをクリック

2 [範囲に変換] をクリック

3 [はい] をクリック

できる 35

スキルアップ

クイック分析ツールを使ってテーブルに変換できる

Excelでは、クイック分析ツールを利用してリスト範囲をテーブルに変換できます。クイック分析ツールとは、データを素早く分析できる機能です。分析結果のイメージを確認しながら分析方法を選択できるので、データの大きさを分かりやすく表現するときに利用すると便利です。この機能を利用するには、まず、分析するデータの範囲を選択し、分析方法を選びます。テーブルに変換したい場合、[テーブル]を選択しましょう。

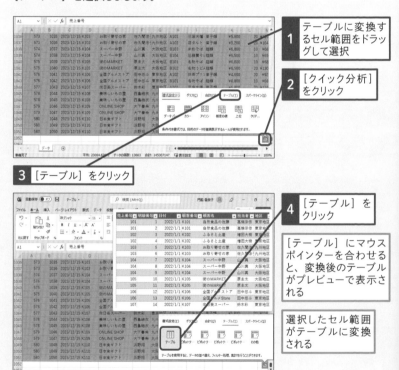

1 テーブルに変換するセル範囲をドラッグして選択

2 [クイック分析]をクリック

3 [テーブル]をクリック

4 [テーブル]をクリック

[テーブル]にマウスポインターを合わせると、変換後のテーブルがプレビューで表示される

選択したセル範囲がテーブルに変換される

基本編

第**2**章

基本的な集計表を
作ろう

ここからは基本編として、いよいよピボットテーブルの作
成に入ります。難しい操作はないので安心してください。
簡単なピボットテーブルなら、数回のクリックと、ドラッ
グ操作だけで完成します。

動画で見る

ピボットテーブルの作成　　　練習用ファイル　L06_作成手順.xlsx

集計表の土台を作る

一般的に集計表の作成は、表の上端と左端に項目名を入力し、列と行の交差するセルに集計結果を表示します。一方、ピボットテーブルの場合、項目名を入力する必要はありません。ピボットテーブルは、フィールド名を配置してさまざまな集計表を作成できます。

Before

	A	B	C	D	E	F	G	H	I	J	K	L
1	売上番号	明細番号	日付	顧客番号	顧客名	担当者	地区	商品番号	商品名	商品分類	価格	数量
2	101	1	2022/1/1	K101	自然食品の佐藤	髙橋芽依	東京地区	B101	名物そば	麺類	¥6,800	10
3	101	2	2022/1/1	K101	自然食品の佐藤	髙橋芽依	東京地区	C101	海鮮茶漬け	魚介類	¥11,500	10
4	102	3	2022/1/1	K102	ふるさと土産	増田大樹	東京地区	B103	米粉そば	麺類	¥6,800	10
5	102	4	2022/1/1	K102	ふるさと土産	増田大樹	東京地区	B104	低糖質そば	麺類	¥6,500	10
6	103	5	2022/1/1	K103	お取り寄せの家	佐久間涼子	九州地区	A101	豆塩大福	菓子類	¥5,800	10
7	103	6	2022/1/1	K103	お取り寄せの家	佐久間涼子	九州地区	A103	苺タルト	菓子類	¥5,200	10

After

◆レイアウトセクション

商品を指定する
→手順2

地区を指定する
→手順3

金額を合計する→手順4

商品ごとに地区別の売上金額を
集計できる

	A	B	C	D	E
1					
2					
3	合計 / 計	列ラベル			
4	行ラベル	九州地区	大阪地区	東京地区	総計
5	名物そば	3910000	3332000	6970000	14212000
6	名物うどん	6435000	4680000	5200000	16315000
7	米粉そば	2108000	2312000	2652000	7072000
8	低糖質そば	1560000	3120000	3965000	8645000
9	豆塩大福	3190000	3248000	3364000	9802000
10	抹茶プリン		2530000	1702000	4232000
11	苺タルト	3978000	2964000	3536000	10478000
12	鮭いくら丼	2450000	2842000	1764000	7056000
13	海鮮茶漬け	3507500		3277500	6785000
14	鯛めしセット		2862000	2646000	5508000
15	総計	27138500	27890000	35076500	90105000

🔗 関連レッスン

レッスン02	ピボットテーブルの各部の名称を知ろう	p.20
レッスン07	集計元のデータを修正するには	p.42

1 ピボットテーブルを作成する

リストを元に新しいワークシートにピボットテーブルを作成する	ピボットテーブルを作成するときは必ず元データのセルを選択する

1 リスト内のセルをクリックして選択

2 [挿入] タブをクリック

3 [テーブル] をクリック

4 [ピボットテーブル] をクリック

[テーブルまたは範囲からのピボットテーブル]
ダイアログボックスが表示された

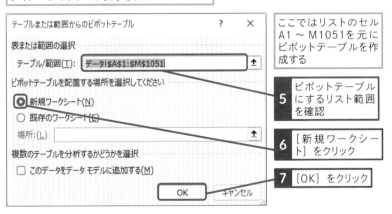

ここではリストのセルA1 ～ M1051を元にピボットテーブルを作成する

5 ピボットテーブルにするリスト範囲を確認

6 [新規ワークシート] をクリック

7 [OK] をクリック

☀ 使いこなしのヒント

なぜリスト内のセルを選択しておくの?

手順1の操作のように、ピボットテーブルを作成する前にリスト内のセルを選択しておくと、リスト範囲が自動的に認識されます。ただし、リスト内に空白列や空白行がある場合は正しい範囲を認識できません。リストには、空白列や空白行が含まれないようにしておきましょう。

次のページに続く➡

2 商品名を追加する

ピボットテーブルの 枠が表示された	[フィールドリスト] ウィンドウが 表示された

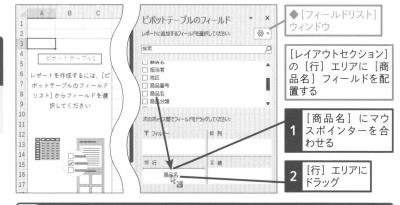

◆[フィールドリスト]
ウィンドウ

[レイアウトセクション]
の[行]エリアに[商品名]フィールドを配置する

1 [商品名]にマウスポインターを合わせる

2 [行]エリアにドラッグ

3 地区を追加する

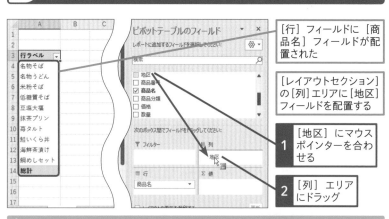

[行]フィールドに[商品名]フィールドが配置された

[レイアウトセクション]
の[列]エリアに[地区]フィールドを配置する

1 [地区]にマウスポインターを合わせる

2 [列]エリアにドラッグ

使いこなしのヒント

元のデータを利用してあっという間に完成できる

このレッスンでは、[商品名]フィールドを集計表の行に、[地区]フィールドを列に配置し、[計]フィールドの値を集計しています。行や列の項目には、元のリストのフィールドに入力されているデータがそのまま表示されるので、あっという間に集計表の土台が完成します。

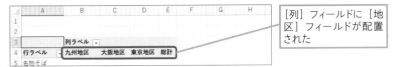

[列]フィールドに[地区]フィールドが配置された

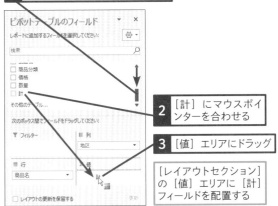

1 ここを下にドラッグしてスクロール

2 [計]にマウスポインターを合わせる

3 [値]エリアにドラッグ

[レイアウトセクション]の[値]エリアに[計]フィールドを配置する

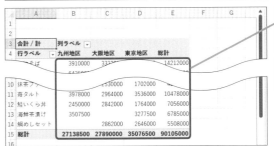

[値]フィールドに[計]フィールドが配置された

商品ごとに地区別の売上金額が集計された

合計 / 計	列ラベル			
行ラベル	九州地区	大阪地区	東京地区	総計
そば	3910000	333...		14212000
10 抹茶フ...		530000	1702000	...
11 苺タルト	3978000	2964000	3536000	10478000
12 鮭いくら丼	2450000	2842000	1764000	7056000
13 海鮮茶漬け	3507500		3277500	6785000
14 鯛めしセット		2862000	2646000	5508000
15 総計	27138500	27890000	35076500	90105000

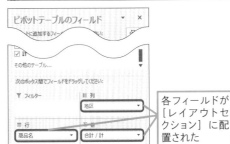

各フィールドが[レイアウトセクション]に配置された

⚠ ここに注意

間違った場所にフィールドをドラッグしたときは、[レイアウトセクション]のフィールドをドラッグして目的のエリアに配置し直します。

データの更新　　　　　　　　　　　　　　　練習用ファイル　L07_データの更新.xlsx

リストを変更しても自動で反映されない

勘違いをしやすいのですが、ピボットテーブルは、集計元のリストと常に連動しているわけではありません。そのため、元のリストが修正されても、ピボットテーブルの集計結果は変わりません。修正を反映するには、ピボットテーブルで更新操作を行います。

> 集計元のリストでデータを修正する

	A	B	C	D	E	F	G	H	I	J	K	L
1	売上番号	明細番号	日付	顧客番号	顧客名	担当者	地区	商品番号	商品名	商品分類	価格	数量
2	101	1	2022/1/1	K101	自然食品の佐藤	高橋芽依	東京地区	B101	名物そば	麺類	¥6,800	5
3	101	2	2022/1/1	K101	自然食品の佐藤	高橋芽依	東京地区	C101	海鮮茶漬け	魚介類	¥11,500	10
4	102	3	2022/1/1	K102	ふるさと土産	増田大樹	東京地区	B103	米粉そば	麺類	¥6,800	10
5	102	4	2022/1/1	K102	ふるさと土産	増田大樹	東京地区	B104	低糖質そば	麺類	¥6,500	10
6	103	5	2022/1/1	K103	お取り寄せの家	佐久間涼子	九州地区	A101	豆塩大福	菓子類	¥5,800	10
7	103	6	2022/1/1	K103	お取り寄せの家	佐久間涼子	九州地区	A103	苺タルト	菓子類	¥5,200	10

Before

リストのデータを修正してもピボットテーブルには反映されない

	A	B	C
1			
2			
3	行ラベル	合計 / 計	
4	海鮮茶漬け	6785000	
5	鮭いくら丼	7056000	
6	鯛めしセット	5508000	
7	低糖質そば	8645000	
8	豆塩大福	9802000	
9	米粉そば	7072000	
10	抹茶プリン	4232000	
11	名物うどん	16315000	
12	名物そば	14178000	
13	苺タルト	10478000	
14	総計	90071000	

After

更新を実行して初めてピボットテーブルに修正が反映される

	A	B	C	D
1				
2				
3	行ラベル	合計 / 計		
4	海鮮茶漬け	6785000		
5	鮭いくら丼	7056000		
6	鯛めしセット	5508000		
7	低糖質そば	8645000		
8	豆塩大福	9802000		
9	米粉そば	7072000		
10	抹茶プリン	4232000		
11	名物うどん	16315000		
12	名物そば	14212000		
13	苺タルト	10478000		
14	総計	90105000		

→

ピボットテーブルで更新を実行する

🔗 関連レッスン

レッスン08　集計元のデータを後から追加するには　　　　　　　　p.44

基本編　第**2**章　基本的な集計表を作ろう

1 元データを修正する

ピボットテーブルの元データを修正する

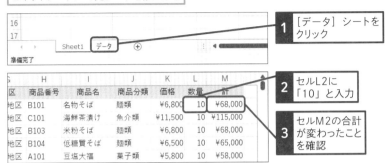

	1	[データ] シートを クリック
	2	セルL2に 「10」と入力
	3	セルM2の合計 が変わったこと を確認

2 ピボットテーブルを更新する

ピボットテーブルの元 データが修正された	更新を実行してピボットテーブ ルに修正を反映させる

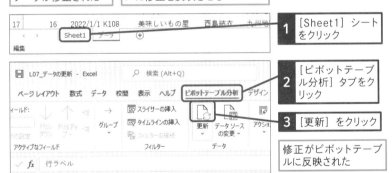

	1	[Sheet1] シート をクリック
	2	[ピボットテーブ ル分析] タブをク リック
	3	[更新] をクリック

修正がピボットテーブ
ルに反映された

💡 使いこなしのヒント

更新操作を行うと瞬時に反映される

左ページの [Before] の画面は、ピボットテーブルの元リストにあるセルL2の数値を修正し、「名物そば」の売上金額を変更した例ですが、これだけではピボットテーブルの「名物そば」の集計結果は変わりません。ピボットテーブルで更新操作を行うと、[Before] の画面から [After] の画面のセルB12の値のように、瞬時に集計結果が修正されます。

データソースの変更　　　　　**練習用ファイル**　L08_データソース変更.xlsx

データを追加したらリスト範囲を修正する

元のリストを修正したとき、修正を集計結果に反映させるには「更新」操作が必要ですが、データを追加した場合は、「リスト範囲の修正」が必要です。テーブルを元にピボットテーブルを作成している場合は、右ページ下の「使いこなしのヒント」を参照してください。

> リストに新たなデータを追加してピボットテーブルで集計する

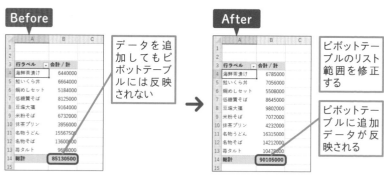

Before

	A	B	C
3	行ラベル ▼	合計 / 計	
4	海鮮茶漬け	6440000	
5	鮭いくら丼	6664000	
6	鯛めしセット	5184000	
7	低糖質そば	8125000	
8	豆塩大福	9164000	
9	米粉そば	6732000	
10	抹茶プリン	3956000	
11	名物うどん	15567500	
12	名物そば	13600000	
13	苺タルト	9698000	
14	総計	85130500	

> データを追加してもピボットテーブルには反映されない

After

	A	B	C
3	行ラベル ▼	合計 / 計	
4	海鮮茶漬け	6785000	
5	鮭いくら丼	7056000	
6	鯛めしセット	5508000	
7	低糖質そば	8645000	
8	豆塩大福	9802000	
9	米粉そば	7072000	
10	抹茶プリン	4232000	
11	名物うどん	16315000	
12	名物そば	14212000	
13	苺タルト	10478000	
14	総計	90105000	

> ピボットテーブルのリスト範囲を修正する

> ピボットテーブルに追加データが反映される

関連レッスン

レッスン07　集計元のデータを修正するには　　　　p.42

1 追加するデータをコピーする

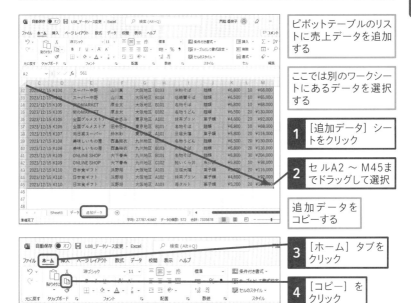

ピボットテーブルのリストに売上データを追加する

ここでは別のワークシートにあるデータを選択する

1 [追加データ] シートをクリック

2 セルA2 ～ M45までドラッグして選択

追加データをコピーする

3 [ホーム] タブをクリック

4 [コピー] をクリック

🔲 **ショートカットキー**

コピー
Ctrl + C

🔆 **使いこなしのヒント**

データソースを使用してリスト範囲を修正する

左ページの上の画面は、元リストに「2023年12月」の売上データを追加した例ですが、これだけでは集計結果は変わりませ

ん。リスト範囲を修正すると、[Before]画面から [After] 画面のように集計結果が変わります。

🔆 **使いこなしのヒント**

元のリスト範囲を自動的に広げるには

頻繁にデータを追加する場合は、レッスン05のように集計元のリストをテーブルに変換しておくといいでしょう。テーブ

ルは、データを追加するとその範囲が自動的に広がるので、更新するだけで元リストの修正を反映できて便利です。

次のページに続く ➡

2 追加するデータを貼り付ける

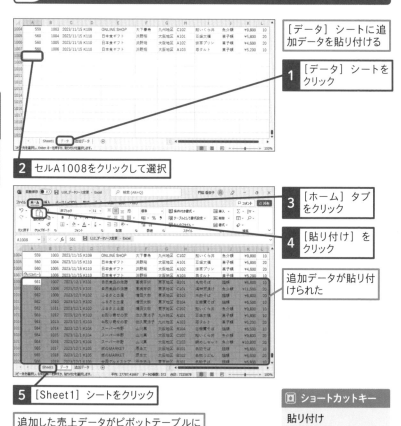

[データ] シートに追加データを貼り付ける

1 [データ] シートをクリック

2 セルA1008をクリックして選択

3 [ホーム] タブをクリック

4 [貼り付け] をクリック

追加データが貼り付けられた

5 [Sheet1] シートをクリック

追加した売上データがピボットテーブルに反映されていないことを確認

📖 ショートカットキー

貼り付け
[Ctrl]+[V]

⏱ 時短ワザ

リストの終端のセルに素早く移動するには

手順2の上の画面のようにリストの最終行の下にあるセルに素早く移動するには、A列のセルのいずれかを選択し、[Ctrl]+[↓]キーを押します。すると、列の最終行のセルにアクティブセルが移動します。続いて、[↓]キーを押せば、最終行の下のセルに素早く移動できます。

3 リスト範囲を修正する

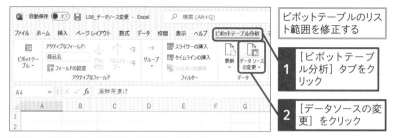

ピボットテーブルのリスト範囲を修正する

1 [ピボットテーブル分析] タブをクリック

2 [データソースの変更] をクリック

[ピボットテーブルのデータソースの変更] ダイアログボックスが表示された

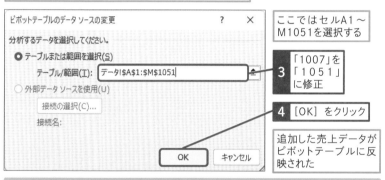

ここではセルA1～M1051を選択する

3 「1007」を「1051」に修正

4 [OK] をクリック

追加した売上データがピボットテーブルに反映された

☀ 使いこなしのヒント

リスト範囲をドラッグ操作で指定するには

リストの範囲を選択するには、手順3の[ピボットテーブルのデータソースの変更] ダイアログボックスにある [テーブル/範囲] の ⬆ をクリックして、リストの範囲全体をドラッグする方法もあります。

1 ここをクリック

リスト範囲をドラッグして選択できる

⚠ ここに注意

手順3でリスト範囲を間違って入力してしまうと、「データソースの参照が正しくありません」とメッセージが表示されます。その場合は、[OK] ボタンをクリックし、リスト範囲を指定し直します。

集計値の明細を
一覧表で確認するには

動画で見る

明細データの表示　　　　　　　　　練習用ファイル　09_明細データ表示.xlsx

集計結果の元データをすぐに確認したい

ピボットテーブルでは、集計値をダブルクリックすると、新しいワークシートが追加され、集計値の明細データが表示されます。これを利用すれば、集計値の元データを確認できるだけではなく、特定の商品や売上データだけを別のリストにできます。

Before

3	行ラベル ▼	合計 / 計	
4	海鮮茶漬け	6785000	
5	鮭いくら丼	7056000	
6	鯛めしセット	5508000	
7	低糖質そば	8645000	
8	豆塩大福	9802000	
9	米粉そば	7072000	
10	抹茶プリン	4232000	
11	名物うどん	16315000	
12	名物そば	14212000	
13	苺タルト	10478000	
14	総計	90105000	

集計値の明細を
知りたい

🔗 関連レッスン

レッスン13
データの項目を掘り
下げて集計するには
p.60

ワークシートが作成され、集計値の
明細データが表示される

After

	A	B	C	D	E	F	G	H	I	J	K	L	N
1	売上番号▼	明細番号▼	日付 ▼	顧客番号▼	顧客名 ▼	担当者▼	地区 ▼	商品番号▼	商品名▼	商品分類▼	価格 ▼	数量 ▼	計
2	580	1048	2023/12/15	K110	日本食ギン浜野翔		大阪地区	A101	豆塩大福	菓子類	5800	20	11
3	577	1043	2023/12/15	K107	向日葵スー鈴木彩		東京地区	A101	豆塩大福	菓子類	5800	20	11
4	573	1035	2023/12/15	K103	お取り寄せ佐久間涼子九州地区			A101	豆塩大福	菓子類	5800	20	11
5	570	1027	2023/12/1	K110	日本食ギン浜野翔		大阪地区	A101	豆塩大福	菓子類	5800	20	11

💡 使いこなしのヒント

データの抽出機能としても手軽に利用できる

上の [Before] の画面は、ピボットテーブルの「豆塩大福」の集計値をダブルクリックした例です。たったこれだけで、[After] の画面のように、「豆塩大福」の明細データが表示されます。

元のリストを並べ替えたり、抽出条件を指定したりする手間がなく、元のリストに手を加える必要もないので、データの抽出機能としても手軽に利用できます。

基本編 第2章 基本的な集計表を作ろう

1 集計値の明細データを表示する

「豆塩大福」の明細データを表示する

1 明細データを表示する集計値のセルをダブルクリック

新しいワークシートに「豆塩大福」の明細データが表示された

列幅が狭いために「#######」と表示されている

列と列の間をダブルクリックして列幅を調整しておく

できる　49

指定した商品のみの
集計結果を表示するには

ドロップダウンリスト　　　　　　　**練習用ファイル**　L10_ドロップダウンリスト.xlsx

フィルターボタンで項目を瞬時に絞り込める

ピボットテーブルを作成した直後は、フィールドに含まれるすべての項目が表示されますが、表示する項目は自由に指定できます。行や列の追加や削除は必要ありません。フィルターボタンをクリックして表示される一覧のチェックボックスで簡単に絞り込めます。

Before

特定の商品のみを
集計したい

After

項目を絞り込むとフィルターボタン
の形が変わる

商品を絞り込んで集計できた

フィルターボタンをクリックして
絞り込みを解除できる

🔗 関連レッスン

1 フィルターを解除する

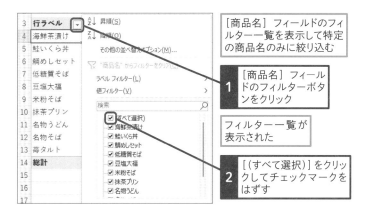

[商品名] フィールドのフィルター一覧を表示して特定の商品名のみに絞り込む

1 [商品名] フィールドのフィルターボタンをクリック

フィルター一覧が表示された

2 [(すべて選択)] をクリックしてチェックマークをはずす

2 商品を指定する

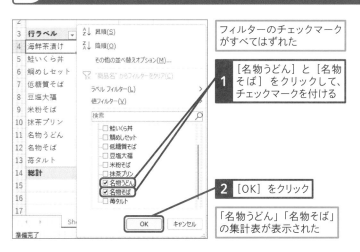

フィルターのチェックマークがすべてはずれた

1 [名物うどん] と [名物そば] をクリックして、チェックマークを付ける

2 [OK] をクリック

「名物うどん」「名物そば」の集計表が表示された

スキルアップ

ブックを開くときにデータを更新するには

ブックを開いたときに、ピボットテーブルのデータが更新されるようにするには、ピボットテーブル内のセルをクリックし、以下の手順を実行します。

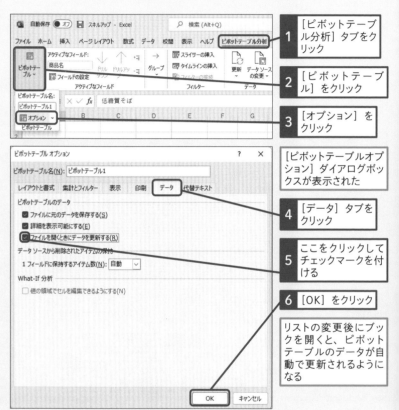

1 [ピボットテーブル分析] タブをクリック

2 [ピボットテーブル] をクリック

3 [オプション] をクリック

[ピボットテーブルオプション] ダイアログボックスが表示された

4 [データ] タブをクリック

5 ここをクリックしてチェックマークを付ける

6 [OK] をクリック

リストの変更後にブックを開くと、ピボットテーブルのデータが自動で更新されるようになる

基本編

第3章

表の項目を
切り替えよう

データを分析するには、気になるデータを見つけて、その数値の大小や頻度、傾向などを把握し、何らかの原因を推測していきます。並べ替えやデータの掘り下げ、グループ化などの操作を行い、ピボットテーブルのレイアウトを変更しながら、気になるデータを見つけましょう。

「顧客別」ではなく「商品別」に集計するには

動画で見る

フィールドエリアの変更　　　　　　**練習用ファイル**　L11_フィールドエリア変更.xlsx

視点を変えて気になるデータを見つけよう

「売り上げが増えた原因」や「売り上げが下がった原因」など、データ分析の過程ではさまざまな原因や要因を推測して検証を行う作業が必要です。違った視点からデータを集計したいというニーズに、瞬時に応えられることがピボットテーブルのメリットの1つです。

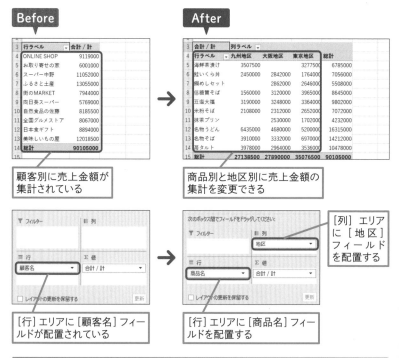

Before

行ラベル	合計 / 計
ONLINE SHOP	9119000
お取り寄せの家	6001000
スーパー中野	11052000
ふるさと土産	13055000
街のMARKET	7944000
向日葵スーパー	5769000
自然食品の佐藤	8185500
全国グルメストア	8067000
日本食ギフト	8894000
美味しいもの屋	12018500
総計	90105000

顧客別に売上金額が集計されている

After

合計 / 計	列ラベル			
行ラベル	九州地区	大阪地区	東京地区	総計
海鮮茶漬け	3507500		3277500	6785000
鮭いくら丼	2450000	2842000	1764000	7056000
梅めしセット		2862000	2646000	5508000
低糖質そば	1560000	3120000	3965000	8645000
豆塩大福	3190000	3248000	3364000	9802000
米粉そば	2108000	2312000	2652000	7072000
抹茶プリン		2530000	1702000	4232000
名物うどん	6435000	4680000	5200000	16315000
名物そば	3910000	3332000	6970000	14212000
苺タルト	3978000	2964000	3536000	10478000
総計	27138500	27890000	35076500	90105000

商品別と地区別に売上金額の集計を変更できる

[行] エリアに [顧客名] フィールドが配置されている

[列] エリアに [地区] フィールドを配置する

[行] エリアに [商品名] フィールドを配置する

🔗 関連レッスン

1 行の項目を空にする

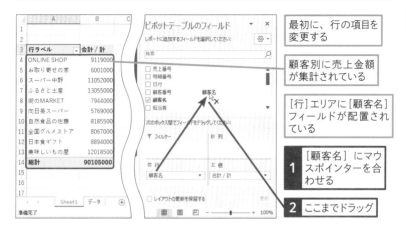

最初に、行の項目を変更する

顧客別に売上金額が集計されている

[行]エリアに[顧客名]フィールドが配置されている

1 [顧客名]にマウスポインターを合わせる

2 ここまでドラッグ

2 行に商品名を追加する

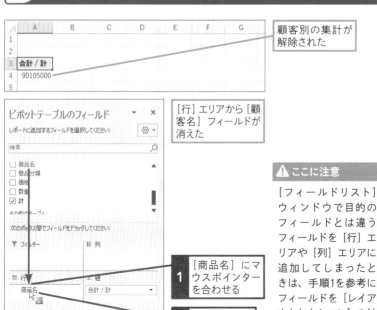

顧客別の集計が解除された

[行]エリアから[顧客名]フィールドが消えた

1 [商品名]にマウスポインターを合わせる

2 [行]エリアにドラッグ

⚠ ここに注意

[フィールドリスト]ウィンドウで目的のフィールドとは違うフィールドを[行]エリアや[列]エリアに追加してしまったときは、手順1を参考にフィールドを[レイアウトセクション]の外にドラッグしましょう。

次のページに続く ➡

3 行に地区を追加する

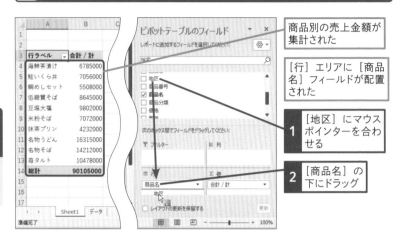

商品別の売上金額が集計された

[行] エリアに [商品名] フィールドが配置された

1 [地区] にマウスポインターを合わせる

2 [商品名] の下にドラッグ

4 地区を列に移動する

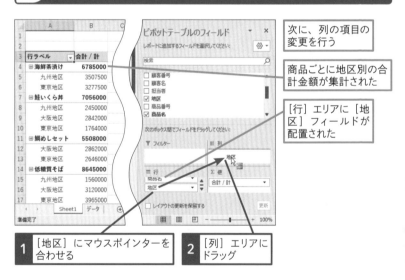

次に、列の項目の変更を行う

商品ごとに地区別の合計金額が集計された

[行] エリアに [地区] フィールドが配置された

1 [地区] にマウスポインターを合わせる

2 [列] エリアにドラッグ

●集計データを確認する

地区が列の項目に移動した

合計 / 計	列ラベル ▼			
行ラベル ▼	九州地区	大阪地区	東京地区	総計
海鮮茶漬け	3507500		3277500	6785000
鮭いくら丼	2450000	2842000	1764000	7056000
鯛めしセット		2862000	2646000	5508000
低糖質そば	1560000	3120000	3965000	8645000
豆塩大福	3190000	3248000	3364000	9802000
米粉そば	2108000	2312000	2652000	7072000
抹茶プリン		2530000	1702000	4232000
名物うどん	6435000	4680000	5200000	16315000
名物そば	3910000	3332000	6970000	14212000
苺タルト	3978000	2964000	3536000	10478000
総計	27138500	27890000	35076500	90105000

ピボットテーブルのフィールド

レポートに追加するフィールドを選択してください:

検索

- ☐ 顧客名
- ☐ 担当者
- ☑ 地区
- ☐ 商品番号
- ☑ 商品名
- ☐ 商品分類

次のボックス間でフィールドをドラッグしてください:

▼ フィルター

‖ 列
地区 ▼

≡ 行
商品名 ▼

Σ 値
合計 / 計 ▼

☐ レイアウトの更新を保留する　更新

[列] エリアに [地区] フィールドが配置された

商品別と地区別に売上金額が集計された

⚠ ここに注意

間違った場所にフィールドをドラッグしたときは、[レイアウトセクション] のフィールドをドラッグして目的のエリアに配置し直します。

🔆 使いこなしのヒント

異なる視点で集計してから項目を入れ替える

まずは準備段階として「商品名」や「顧客名」「販売地区」など、いくつか異なる視点でデータを集計します。ピボットテーブルは、元のリストにある「商品名」「顧客名」「支店名」「地域」などのフィールドを利用して簡単に集計できます。[Before] の画面は、顧客別の売り上げを集計したものですが、[After] の画面では、項目を入れ替えて商品の売上金額を地区別に集計した結果を表示しています。

「商品分類」を掘り下げて「商品別」に集計するには

中分類の追加 　　　　　　　　　　練習用ファイル　L12_中分類の追加.xlsx

項目を分類別に集計する

一般的な集計表と同様に、ピボットテーブルでも集計表の項目を分類できます。集計表には、分類ごとの小計も表示されるので、各分類と詳細項目の集計結果を同時に見ることができます。さらに、レッスン15で紹介する並べ替えを行えば、分類ごとの売れ筋商品なども簡単に把握できます。

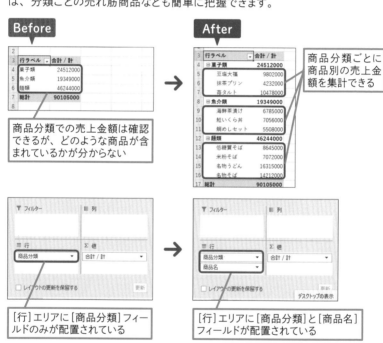

Before

行ラベル	合計 / 計
菓子類	24512000
魚介類	19349000
麺類	46244000
総計	90105000

商品分類での売上金額は確認できるが、どのような商品が含まれているかが分からない

After

行ラベル	合計 / 計
菓子類	24512000
豆塩大福	9802000
抹茶プリン	4232000
苺タルト	10478000
魚介類	19349000
海鮮茶漬け	6785000
鮭いくら丼	7056000
鯛めしセット	5508000
麺類	46244000
低糖質そば	8645000
米粉そば	7072000
名物うどん	16315000
名物そば	14212000
総計	90105000

商品分類ごとに商品別の売上金額を集計できる

▼ フィルター	▥ 列

▤ 行	Σ 値
商品分類 ▼	合計 / 計 ▼

☐ レイアウトの更新を保留する　　更新

[行]エリアに[商品分類]フィールドのみが配置されている

▼ フィルター	▥ 列

▤ 行	Σ 値
商品分類 ▼	合計 / 計 ▼
商品名 ▼	

☐ レイアウトの更新を保留する　　更新
　　　　　　　　　　　　デスクトップの表示

[行]エリアに[商品分類]と[商品名]フィールドが配置されている

🔗 関連レッスン

基本編　第3章　表の項目を切り替えよう

1 商品分類の下に商品名を追加する

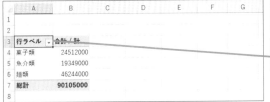

中分類として商品別の集計を追加する

ピボットテーブル内のセルを選択しておく

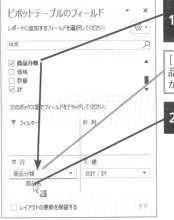

1 [商品名] にマウスポインターを合わせる

[行] エリアに [商品分類] フィールドが配置されている

2 [商品分類] の下にドラッグ

⚠ ここに注意

間違った場所にフィールドをドラッグしたときは、[レイアウトセクション] のフィールドをドラッグして目的のエリアに配置し直します。

2 商品分類と個別の商品の売り上げを確認する

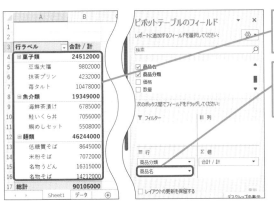

商品分類ごとに商品別の売上金額が集計された

[行] エリアの [商品分類] フィールドの下に [商品名] フィールドが配置された

13 データの項目を掘り下げて集計するには

ドリルダウン

ドリルダウンで事実を把握する

「商品分類別」や「顧客別」などの集計結果から気になるデータを見つけたら、なぜそのような結果になったのか問題点を推測して、詳細な事実を把握しましょう。その過程では、集計項目を掘り下げて表示する「ドリルダウン」を行います。

Before

	行ラベル	合計 / 計
3	行ラベル	合計 / 計
4	菓子類	24512000
5	魚介類	19349000
6	麺類	46244000
7	総計	90105000

商品分類での売上金額は確認できるが、[菓子類]の分類に含まれる商品名が分からない

→

After

	行ラベル	合計 / 計
3	行ラベル	合計 / 計
4	⊟菓子類	24512000
5	⊞豆塩大福	9802000
6	⊟抹茶プリン	4232000
7	大阪地区	2530000
8	東京地区	1702000
9	⊞苺タルト	10478000
10	⊞魚介類	19349000
11	⊞麺類	46244000
12	総計	90105000

[菓子類]の項目にある商品名の詳細データが表示された

商品名の項目にある地区の詳細データが表示された

用語解説

ドリルダウン

ドリルダウンとは、集計表から気になる集計項目の詳細を掘り下げて確認すること です。大きな分類の集計結果から、中分類、小分類の集計結果を確認します。

関連レッスン

1 ピボットテーブルの項目を選択する

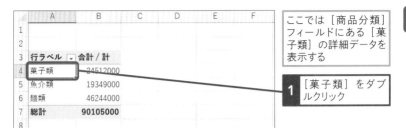

ここでは [商品分類]
フィールドにある [菓
子類] の詳細データを
表示する

| 1 | [菓子類] をダブ
ルクリック |

2 項目のデータを掘り下げる

[詳細データの表示] ダイアログ
ボックスが表示された

ここでは [商品名]
を選択する

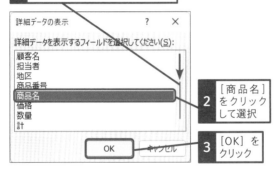

| 1 | ここを下にドラッグしてスクロール |

| 2 | [商品名]
をクリック
して選択 |

| 3 | [OK] を
クリック |

⚠ ここに注意

手順1で集計値の数値
をダブルクリックする
と、新しいワークシー
トが作成され、集計値
の明細データが表示さ
れます（49ページを参
照）。その場合、[元に
戻す] ボタン（⟲）を
クリックし、作成され
たワークシートを削除
します。

☀ 使いこなしのヒント

問題点を推測してドリルダウンを行う

左ページの [Before] の画面は、商品分
類別に売り上げを集計したものです。例
えば、商品分類の中で「菓子類」の売り
上げが落ち込んでいる場合、問題点とし
て「他社がある地区で新しく販売した『商
品B』が売れているために、自社の『商品A』
が影響を受けているのではないか」とい

う可能性があれば、それに基づいて、ド
リルダウンを行います。[After]の画面は、
「商品別の売り上げ、さらに地区別の売り
上げ」というように詳細を追って集計値
を確認した例です。問題点の推測に基づ
いて、ドリルダウンを行い、詳細な事実
の把握に努めましょう。

次のページに続く ➡

●データを確認する

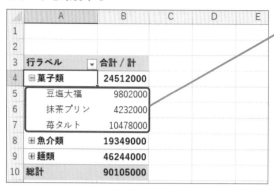

[菓子類] フィールド
にある商品名が表示
された

3 表示したデータをさらに掘り下げる

ここでは [抹茶プリン]
の詳細データを表示
する

1 [抹茶プリン] を
ダブルクリック

💡 使いこなしのヒント

項目をまとめてドリルダウンするには

フィールド内のすべての項目を展開して
詳細データを表示するには、以下の手順

で操作します。

展開するフィールドを選択しておく

1 [ピボットテーブル分析] タブ
をクリック

2 [フィールドの展開] をクリック

フィールド内のすべての
項目が表示される

4 地区ごとの売上を確認する

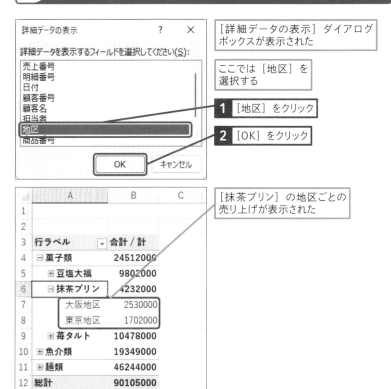

[詳細データの表示] ダイアログ
ボックスが表示された

ここでは [地区] を
選択する

1 [地区] をクリック

2 [OK] をクリック

[抹茶プリン] の地区ごとの
売り上げが表示された

	A	B	C
1			
2			
3	行ラベル	合計 / 計	
4	⊟ 菓子類	24512000	
5	⊞ 豆塩大福	9802000	
6	⊟ 抹茶プリン	4232000	
7	大阪地区	2530000	
8	東京地区	1702000	
9	⊞ 苺タルト	10478000	
10	⊞ 魚介類	19349000	
11	⊞ 麺類	46244000	
12	総計	90105000	

☀ 使いこなしのヒント

詳細データを非表示にするには

ドリルダウンの操作で、フィールドを指　フィールドを削除して非表示にするには、
定して詳細のデータを表示した後、その　以下のように操作します。

ここでは、[地区] フィールドを
非表示にする

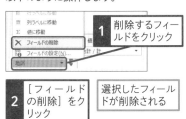

1 削除するフィールドをクリック

2 [フィールドの削除] をクリック

選択したフィールドが削除される

14 大分類ごとにデータを 集計するには

ドリルアップ　　　　　　　　　　　　練習用ファイル　L14_ドリルアップ.xlsx

ドリルアップで大まかに俯瞰する

レッスン13のようにドリルダウンの操作を行い、集計表の項目を深い階層まで掘り下げて見ていくと、詳細な情報は確認できますが、逆に、大まかな傾向が見えづらくなることがあります。

上の階層の「商品分類」別の集計結果、あるいは、さらにその上の階層別に比較したい場合は、「ドリルダウン」とは逆の「ドリルアップ」を行い、上の階層に戻って集計結果を確認しましょう。

Before

商品別の売上金額は確認できるが、情報が細かすぎて大まかな集計結果がすぐに分からない

→

After

ダブルクリックすると、詳細データを折り畳める

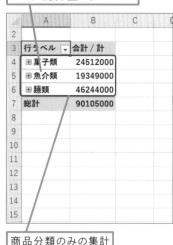

商品分類のみの集計結果を確認できる

🔗 関連レッスン

基本編　第3章　表の項目を切り替えよう

1 項目の詳細データを非表示にする

ここでは [商品分類]フィールドの [魚介類] の詳細データを非表示にする

1 [魚介類] をダブルクリック

🔎 用語解説

ドリルアップ

ドリルアップとは、細かい単位での集計結果から、より大まかな単位での集計結果を確認していくことです。ドリルダウンの逆の操作です。

[魚介類] の項目にある商品名が非表示になった

2 詳細データをまとめて非表示にする

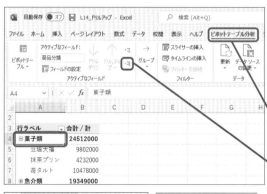

商品分類の詳細データをすべて非表示にする

1 [商品分類] フィールドの項目をクリックして選択

2 [ピボットテーブル分析] タブをクリック

3 [フィールドの折りたたみ] をクリック

すべての詳細データが折り畳まれて非表示になった

⚠ ここに注意

操作3で間違って [フィールド全体の展開] ボタン(⁺⁼)をクリックしてしまったときは、手順2の操作を最初からやり直します。

15 売上金額の高い順に地区を並べ替えるには

並べ替え　　　　　　　　　　　　　　練習用ファイル　L15_並べ替え.xlsx

「並べ替え」はデータを読み取るカギ

データの傾向を読み取りやすくするには、数値を基準にデータの並べ替えをすることが不可欠です。分類別に集計した表では、分類順にデータを並べ替えるだけで安心してはいけません。分類の中の並び順もきちんと整えておきましょう。どの分類がよく売れているかだけでなく、分類別の売れ筋商品などを把握しやすくなります。

Before

売上金額は確認できるが、地区の
売上順がバラバラになっている

売上金額は確認できるが、商品名
の売上順がバラバラになっている

After

売上金額の高い順に地区を
並べ替えられた

売上金額の高い順に商品名を並べ
替えられた

🔗 関連レッスン

1 地区の売上順で並べ替える

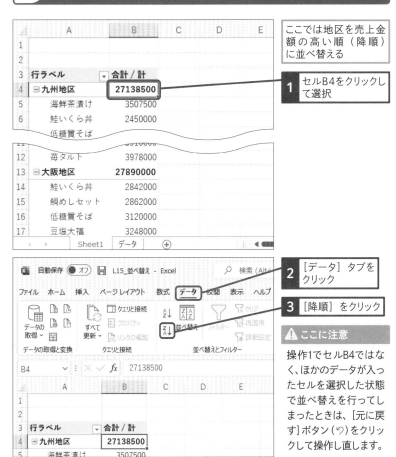

ここでは地区を売上金額の高い順(降順)に並べ替える

1 セルB4をクリックして選択

	A	B	C	D	E
1					
2					
3	**行ラベル**	**合計 / 計**			
4	⊟ **九州地区**	**27138500**			
5	海鮮茶漬け	3507500			
6	鮭いくら丼	2450000			
	低糖質そば				
12	苺タルト	3978000			
13	⊟ **大阪地区**	**27890000**			
14	鮭いくら丼	2842000			
15	鯛めしセット	2862000			
16	低糖質そば	3120000			
17	豆塩大福	3248000			

Sheet1　データ　⊕

2 [データ] タブをクリック

3 [降順] をクリック

⚠ ここに注意

操作1でセルB4ではなく、ほかのデータが入ったセルを選択した状態で並べ替えを行ってしまったときは、[元に戻す]ボタン(↩)をクリックして操作し直します。

自動保存 ●オフ 🗎 L15_並べ替え - Excel　　🔎 検索 (Alt＋

ファイル　ホーム　挿入　ページレイアウト　数式　データ　校閲　表示　ヘルプ

B4	✓ : × ✓ fx	27138500			
	A	B	C	D	E
1					
2					
3	**行ラベル**	**合計 / 計**			
4	⊟ **九州地区**	**27138500**			
5	海鮮茶漬け	3507500			

💡 使いこなしのヒント

分類の並び順もきちんと整えておく

左ページの [Before] の画面は、地区別に売上金額を集計したものです。[After] の画面では、売上金額の高い順に地区を並べ替えた例を表示しています。さらに、地区ごとに、売上金額の高い順に商品名を並べ替えています。例えば、地区別の販売店や部署別の担当者などの集計結果を並べ替える場合も、分類の並べ替えをした後で、分類の中の項目を並べ替えるといいでしょう。

次のページに続く ➡

●地区の並び替えを確認する

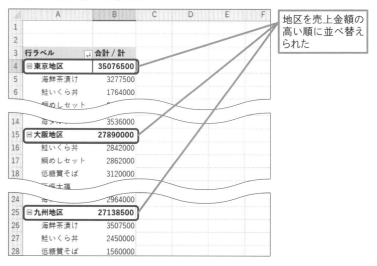

地区を売上金額の高い順に並べ替えられた

2 地区の中を商品名の売上順で並べ替える

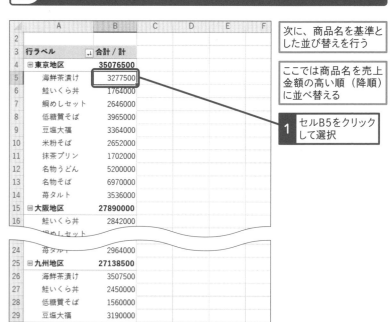

次に、商品名を基準とした並び替えを行う

ここでは商品名を売上金額の高い順（降順）に並べ替える

1 セルB5をクリックして選択

●商品名を並べ替える

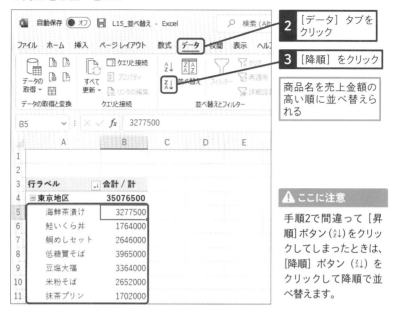

2 [データ] タブを
クリック

3 [降順] をクリック

商品名を売上金額の
高い順に並べ替えら
れる

15
並べ替え

⚠ ここに注意

手順2で間違って [昇
順] ボタン (↓) をクリッ
クしてしまったときは、
[降順] ボタン (↓) を
クリックして降順で並
べ替えます。

💡 使いこなしのヒント

ショートカットメニューで並べ替えるには

ショートカットメニューを利用して並べ
替えるには、まず、並べ替えの基準とな
る項目を選択して右クリックし、ショー
トカットメニューから [並べ替え] を選

択します。[データ] タブが選択されて
いない場合に、右クリックで操作すると、
タブを切り替える手間が省けて便利です。

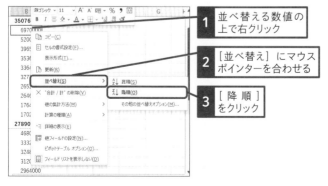

1 並べ替える数値の
上で右クリック

2 [並べ替え] にマウス
ポインターを合わせる

3 [降順]
をクリック

任意の順番で
商品を並べ替えるには

項目の移動　　　　　　　　　　　　　練習用ファイル　L16_項目の移動.xlsx

気になる項目は集計表の上部に移動する

注目したい項目を集計表の上部に表示しておくと、集計値の確認時に画面をスクロールする手間が省けて便利です。しかし、あいうえお順や数値の大きい順で並べ替えを行った場合、気になる項目が上に表示されるとは限りません。そんなときは、項目を任意の順番に並べ替えましょう。

Before 商品分類の［魚介類］が上から2番目の位置にある

After 商品分類の［魚介類］を一番上に移動できた

→

［鯛めしセット］が商品分類［魚介類］の一番下の位置にある

［鯛めしセット］を商品分類［魚介類］の一番上に移動できた

→

🔗 関連レッスン

1 商品分類の順序を変える

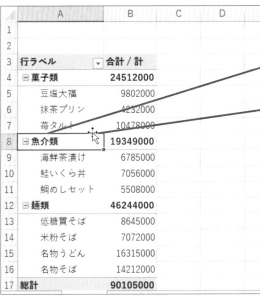

ここでは商品分類の[魚介類]を一番上に移動する

1 セルA8をクリックして選択

2 ここにマウスポインターを合わせる

マウスポインターの形が変わった

3 行番号3と行番号4の境界線までドラッグ

商品分類の[魚介類]が[菓子類]の上に移動する

	A	B	C	D
1				
2				
3	行ラベル	合計 / 計		
4	⊟菓子類	24512000		
5	豆塩大福	9802000		
6	抹茶プリン	4232000		
7	苺タルト	10478000		
8	⊟魚介類	19349000		
9	海鮮茶漬け	6785000		
10	鮭いくら丼	7056000		
11	鯛めしセット	5508000		
12	⊟麺類	46244000		
13	低糖質そば	8645000		
14	米粉そば	7072000		
15	名物うどん	16315000		
16	名物そば	14212000		
17	総計	90105000		

次のページに続く →

2 商品名の順序を変える

次に、商品名の並び替えを行う

ここでは商品名の [鯛めしセット] を [海鮮茶漬け] の上に移動する

1 セルA7をクリックして選択

2 ここにマウスポインターを合わせる

3 行番号4と行番号5の境界線までドラッグ

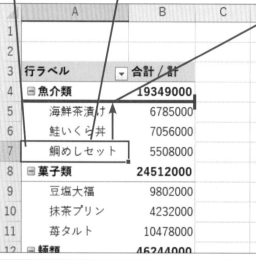

[鯛めしセット] を商品分類 [魚介類] の一番上に移動できた

⚠ ここに注意

項目の選択を間違ってドラッグしてしまったときは、[元に戻す] ボタン（↺）をクリックしてから操作し直します。

基本編 第**3**章 表の項目を切り替えよう

並べ替えはドラッグ操作で簡単に行える

70ページの [Before] の画面は、商品分類別に商品の売り上げを集計したものです。[After] の画面では、分類の並び順を「菓子類」「魚介類」「麺類」から「魚介類」「菓子類」「麺類」に変更し、さらに、

「魚介類」の分類の商品の並びを任意の並び順にした例です。並べ替えはドラッグ操作で簡単に行えるので、項目の配置順を自由に入れ替えてみましょう。

行全体が選択されてしまったときは

手順2で項目を選択するとき、項目のセルの左の方をクリックしてしまうと、行全体が選択されます。その場合は、セルの中央付近にマウスポインターを移動してマウスポインターの形を確認してからクリックし、セルを選択し直します。

> マウスポインターを合わせたときのカーソルの形に注意する

10	鮭いくら丼	7056000
11	→ 鯛めしセット	5508000
12	⊟麺類	**46244000**

列の項目を並べ替えるには

[列] エリアに配置したフィールドの項目を並べ替えるには、並び順を変更する項目を選択し、右（または左）に向かってドラッグします。

1 ここにマウスポインターを合わせる

列の項目の並び順が変わった

C4:C15

列ラベル			
九州地区	大阪地区	東京地区	総計
3507500		3277500	6785000
2450000	2842000	1764000	7056000
	2862000	2646000	5508000
1560000	3120000	3965000	8645000
3190000	3248000	3364000	9802000
2108000	2312000	2652000	7072000
	2530000	1702000	4232000
6435000	4680000	5200000	16315000
3910000	3332000	6970000	14212000
3978000	2964000	3536000	10478000
27138500	27890000	35076500	90105000

列ラベル			
大阪地区	九州地区	東京地区	総計
	3507500	3277500	6785000
2842000	2450000	1764000	7056000
2862000		2646000	5508000
3120000	1560000	3965000	8645000
3248000	3190000	3364000	9802000
2312000	2108000	2652000	7072000
2530000		1702000	4232000
4680000	6435000	5200000	16315000
3332000	3910000	6970000	14212000
2964000	3978000	3536000	10478000
27890000	27138500	35076500	90105000

2 ここまでドラッグ

17 特定のリストを元に 項目を並べ替えるには

ユーザー設定リスト　　　　**練習用ファイル**　L17_ユーザー設定リスト.xlsx

リストを使って、見慣れた順番に並べ替えられる

集計表の「商品名」や「担当者名」などの項目を並べ替えるときは、あいうえお順などではなく、普段から見慣れている順番に並べ替えた方が使いやすい場合もあります。

レッスン16で紹介したように、項目の並び順はドラッグ操作で入れ替えることもできますが、常に同じ順番で並べるときに、毎回並べ替えの操作をするのは面倒です。そのようなときには、項目の並び順を「ユーザー設定リスト」に登録しておく方法をお薦めします。

Before

いつも決まった順番で並べ替えることができない

After

リストと同じ並び順で並べ替えができた

→

🔗 関連レッスン

1 ユーザー設定リストを編集する

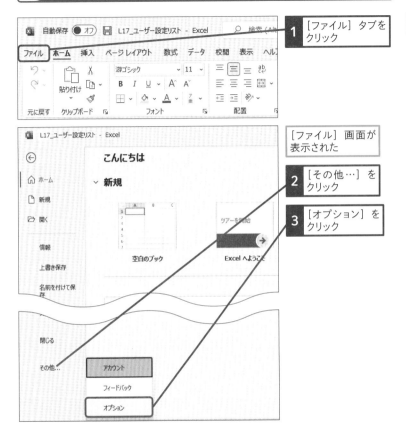

1 [ファイル] タブを
クリック

[ファイル] 画面が
表示された

2 [その他…] を
クリック

3 [オプション] を
クリック

☀ 使いこなしのヒント

リストに一度登録すればワンクリックで並び替えられる

左ページの [Before] の画面は、商品
別の売り上げをまとめたものですが、
[After] の画面では、いつも決まった
順に商品を並べ替える手間を省くため、
「ユーザー設定リスト」に並び順を登録し
て、並べ替えを行っています。一度、並

び順を登録しておけば、「昇順」や「降順」
と同じように、ワンクリックでリストの順
番通りにデータを並べ替えられます。次
ページからの手順を参考に、ぜひ「ユー
ザー設定リスト」の使い方をマスターし
てください。

次のページに続く ➡

● ［ユーザー設定リスト］ダイアログボックスを表示する

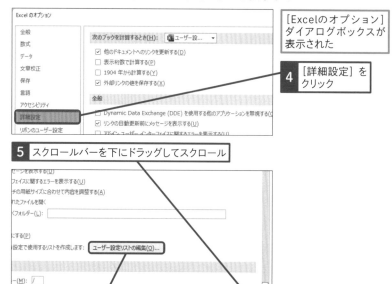

［Excelのオプション］
ダイアログボックスが
表示された

4 ［詳細設定］を
クリック

5 スクロールバーを下にドラッグしてスクロール

6 ［ユーザー設定リストの編集］をクリック

基本編　第3章　表の項目を切り替えよう

2 並び順を登録したいリストを指定する

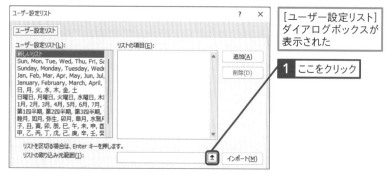

［ユーザー設定リスト］
ダイアログボックスが
表示された

1 ここをクリック

●並び順のリスト範囲を指定する

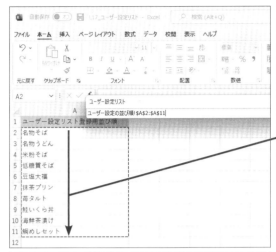

ここでは、すでに用意してある並び順のリストを選択する

2 [ユーザー設定の並び順] シートをクリックしてシートを表示

3 セルA2 ～ A11までドラッグして選択

⚠ **ここに注意**

手順2で間違ったセル範囲をドラッグしてしまったときは、もう一度、選択し直しましょう。

[並び順リスト] のセルA2 ～ A11が選択された

4 ここをクリック

5 選択したリストが指定されていることを確認

6 [インポート] をクリック

次のページに続く ➡

できる 77

1 リストがインポートされ [ユーザー設定リスト] に一覧が表示されたことを確認

2 [OK] をクリック

[OK] をクリックして [Excelのオプション] ダイアログボックスを閉じる

3 [Sheet1] シートの [商品名] フィールドの項目をクリックして選択

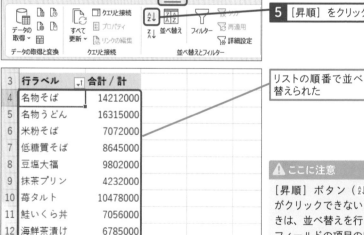

4 [データ] タブをクリック

5 [昇順] をクリック

リストの順番で並べ替えられた

3	行ラベル	合計 / 計
4	名物そば	14212000
5	名物うどん	16315000
6	米粉そば	7072000
7	低糖質そば	8645000
8	豆塩大福	9802000
9	抹茶プリン	4232000
10	苺タルト	10478000
11	鮭いくら丼	7056000
12	海鮮茶漬け	6785000
13	鯛めしセット	5508000
14	総計	90105000
15		

⚠ ここに注意

[昇順] ボタン（⤴）がクリックできないときは、並べ替えを行うフィールドの項目のいずれかのセルをクリックしてから操作し直します。

基本編 第**3**章 表の項目を切り替えよう

直接入力もできる

あらかじめリストを作成していないとき
は、[ユーザー設定リスト] ダイアログボッ
クスの [リストの項目] 欄に項目を入力し、
[追加] ボタンをクリックします。

手順1を参考に [ユーザー設定リスト]
ダイアログボックスを表示しておく

1 リスト項目を
入力

2 [追加] を
クリック

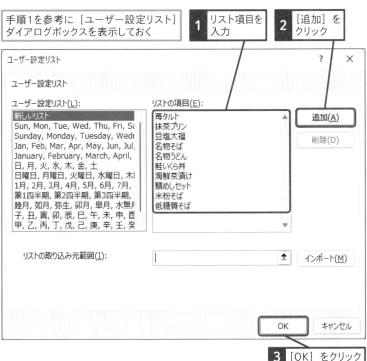

リストの取り込み元範囲(I):

3 [OK] をクリック

[OK] をクリックして [Excelのオプション]
ダイアログボックスを閉じる

トップテンフィルター　　　　　　　　　　　　**練習用ファイル**　L18_トップテンフィルター.xlsx

「今月のトップ3」もすぐに表示できる！

トップテンやワーストテンなど、「上位○位」や「下位○位」を見ると、人気のある商品に共通する特徴などを発見できることがあります。多くの項目からトップテンやワーストテンのみを表示するには、値フィルターの［トップテン］を利用します。

Before

	A	B	C
1			
2			
3	行ラベル ▼	合計 / 計	
4	海鮮茶漬け	6785000	
5	鮭いくら丼	7056000	
6	鯛めしセット	5508000	
7	低糖質そば	8645000	
8	豆塩大福	9802000	
9	米粉そば	7072000	
10	抹茶プリン	4232000	
11	名物うどん	16315000	
12	名物そば	14212000	
13	苺タルト	10478000	
14	総計	90105000	
15			

上位5位に入る商品名と合計金額が分からない

→

After

	A	B	C
2			
3	行ラベル ▼	合計 / 計	
4	低糖質そば	8645000	
5	豆塩大福	9802000	
6	名物うどん	16315000	
7	名物そば	14212000	
8	苺タルト	10478000	
9	総計	59452000	
10			
11			
12			
13			
14			
15			
16			

上位5位の商品名と合計金額が抽出できた

🔗 関連レッスン

レッスン10	指定した商品のみの集計結果を表示するには	p.50
レッスン19	指定したキーワードに一致する商品を集計するには	p.82

1 商品名のフィルター一覧を表示する

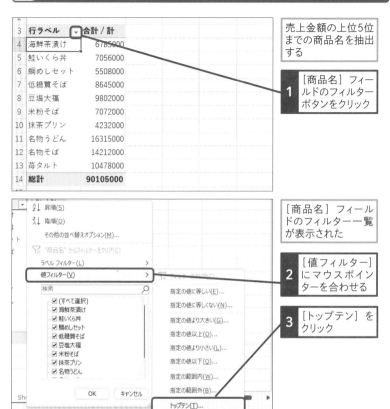

3	行ラベル	合計 / 計
4	海鮮茶漬け	6785000
5	鮭いくら丼	7056000
6	鯛めしセット	5508000
7	低糖質そば	8645000
8	豆塩大福	9802000
9	米粉そば	7072000
10	抹茶プリン	4232000
11	名物うどん	16315000
12	名物そば	14212000
13	苺タルト	10478000
14	総計	90105000

売上金額の上位5位
までの商品名を抽出
する

1 [商品名] フィー
ルドのフィルター
ボタンをクリック

- 2↓ 昇順(S)
- Z↓ 降順(O)
- その他の並べ替えオプション(M)...
- ▽ "商品名" からフィルターをクリア(C)
- ラベル フィルター(L) >
- 値フィルター(V) >

検索

- ☑ (すべて選択)
- ☑ 海鮮茶漬け
- ☑ 鮭いくら丼
- ☑ 鯛めしセット
- ☑ 低糖質そば
- ☑ 豆塩大福
- ☑ 米粉そば
- ☑ 抹茶プリン
- ☑ 名物うどん

OK キャンセル

- 指定の値に等しい(E)...
- 指定の値に等しくない(N)...
- 指定の値より大きい(G)...
- 指定の値以上(O)...
- 指定の値より小さい(L)...
- 指定の値以下(Q)...
- 指定の範囲内(W)...
- 指定の範囲外(B)...
- トップテン(T)...

[商品名] フィール
ドのフィルター一覧
が表示された

2 [値フィルター]
にマウスポイン
ターを合わせる

3 [トップテン] を
クリック

2 トップテンフィルターを設定する

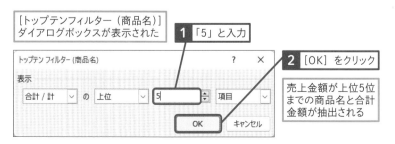

[トップテンフィルター (商品名)]
ダイアログボックスが表示された

1 「5」と入力

トップテン フィルター (商品名)		? ×

表示

合計 / 計 ∨ の 上位 ∨ 5 ⬆ 項目 ∨

OK キャンセル

2 [OK] をクリック

売上金額が上位5位
までの商品名と合計
金額が抽出される

19 指定したキーワードに 一致する商品を集計するには

ラベルフィルター　　　　　　　　　　**練習用ファイル** L19_ラベルフィルター.xlsx

キーワードから気になるデータを一発表示

ある商品の売り上げに影響を及ぼす要因として、ほかの商品の存在が考えられる場合があります。このようなケースで複数の商品同士の関係を探るときは、関連する商品の情報のみに注目するために、表示する項目を絞り込みます。このレッスンでは、「フィルター」の機能を使い、商品の品番や商品名などに含まれるキーワードをヒントにして、表示する項目を絞り込む方法を紹介します。

Before

「そば」を含む商品の売り上げだけをチェックしたい

行ラベル	合計 / 計
海鮮茶漬け	6785000
鮭いくら丼	7056000
鯛めしセット	5508000
低糖質そば	8645000
豆塩大福	9802000
米粉そば	7072000
抹茶プリン	4232000
名物うどん	16315000
名物そば	14212000
苺タルト	10478000
総計	90105000

After

「そば」のキーワードで商品名を抽出できた

行ラベル	合計 / 計
低糖質そば	8645000
米粉そば	7072000
名物そば	14212000
総計	29929000

関連レッスン

1 [ラベルフィルター] を表示する

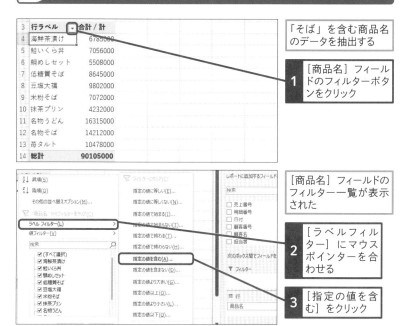

3	行ラベル	合計 / 計
4	海鮮茶漬け	6785000
5	鮭いくら丼	7056000
6	鯛めしセット	5508000
7	低糖質そば	8645000
8	豆塩大福	9802000
9	米粉そば	7072000
10	抹茶プリン	4232000
11	名物うどん	16315000
12	名物そば	14212000
13	苺タルト	10478000
14	総計	90105000

「そば」を含む商品名のデータを抽出する

1 [商品名] フィールドのフィルターボタンをクリック

[商品名] フィールドのフィルター一覧が表示された

2 [ラベルフィルター] にマウスポインターを合わせる

3 [指定の値を含む] をクリック

2 キーワードを入力する

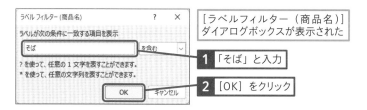

[ラベルフィルター (商品名)] ダイアログボックスが表示された

1 「そば」と入力

2 [OK] をクリック

フィルターを解除するには

フィルターを指定したフィールドを [レイアウトセクション] から削除しても、フィルターの条件はそのまま残るので、次にそのフィールドを [レイアウトセクション] に移 動すると、指定されていたフィルターが適用されます。フィルターの条件を解除するには、手順1で、["(フィールド名)"からフィルターをクリア] をクリックしましょう。

20 集計表の項目名を変更するには

フィールド名の変更　　　　　　　　　**練習用ファイル**　L20_フィールド名の変更.xlsx

集計結果は「分かりやすさ」が大切

ピボットテーブルに表示される行や列、値の内容を表すフィールド名は、後から変更できます。誰にでも見やすい集計表にするには、見出しや項目名を分かりやすく変更しましょう。見出しの表示方法は、ピボットテーブルのレイアウトによって異なります。

Before

フィールド名が変更されていないので集計内容が分かりづらい

After

商品名や売上金額に合わせたフィールド名を入力できる

	A	B	C
1			
2			
3	合計 / 計	地区 ▼	
4	商品名 ▼	九州地区	大阪地区 東
5	海鮮茶漬け	3507500	
6	鮭いくら丼	2450000	2842000
7	鯛めしセット		2862000
8	低糖質そば	1560000	3120000
9	豆塩大福	3190000	3248000
10	米粉そば	2108000	2312000
11	抹茶プリン		2530000
12	名物うどん	6435000	4680000
13	名物そば	3910000	3332000
14	苺タルト	3978000	2964000
15	総計	27138500	27890000 3
16			
17			

	A	B	C
1			
2			
3	売上金額合計	地区 ▼	
4	お取り寄せグルメ ▼	九州地区	大阪地区
5	海鮮茶漬け	3507500	
6	鮭いくら丼	2450000	2842
7	鯛めしセット		2862
8	低糖質そば	1560000	3120
9	豆塩大福	3190000	3248
10	米粉そば	2108000	2312
11	抹茶プリン		2530
12	名物うどん	6435000	4680
13	名物そば	3910000	3332
14	苺タルト	3978000	2964
15	総計	27138500	27890(
16			
17			

→

🔗 関連レッスン

レッスン02	ピボットテーブルの各部の名称を知ろう	p.20

1 フィールド名を変更する

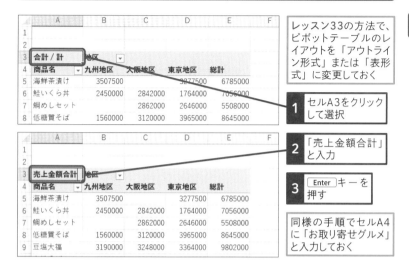

レッスン33の方法で、ピボットテーブルのレイアウトを「アウトライン形式」または「表形式」に変更しておく

1 セルA3をクリックして選択

2 「売上金額合計」と入力

3 Enter キーを押す

同様の手順でセルA4に「お取り寄せグルメ」と入力しておく

⚠ ここに注意

フィールド名や項目名を間違って指定してしまったときは、もう一度、フィール ド名や項目名のセルを選択して文字を入力し直します。

☀ 使いこなしのヒント

コンパクト形式の場合

コンパクト形式では、「行ラベル」や「列ラベル」と表示されます。セルをクリックして書き替えることもできますが、後 でフィールドを入れ替えた場合、入力した文字は変わらないので注意しましょう。

☀ 使いこなしのヒント

誰が見ても分かりやすい名前を心がける

ピボットテーブルのレイアウトを「アウトライン形式」や「表形式」にすると、行や列、値の見出しにピボットテーブルに配置したフィールド名や集計方法が表示されます。左ページの [Before] の画面は、レイアウトを「表形式」にしてい ます。[After] の画面は、行や値の見出しを変更した例です。また、ピボットテーブルは、元のリストで略称などが使われていると、表の項目にもその略称が使われます。必要に応じて項目名も変更できます。

日付をまとめて集計するには

動画で見る

日付のグループ化　　　　　　　　　練習用ファイル　L21_日付のグループ化.xlsx

「四半期別」や「月別」の売り上げもすぐ分かる

1つ1つの集計結果からは分からないことでも、データの推移を見ると、売り上げがどのように変化しているのかが分かります。データの推移を見るときは、売上日などの日付データを利用して、日付順に集計します。

Before

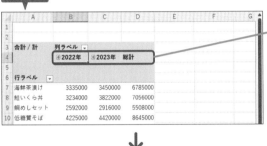

前年との比較はできるが、月別の売上金額が分からない

↓

After

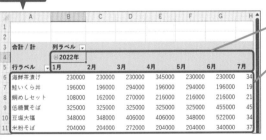

日付をまとめて年月ごとにグループ化できた

月別の売り上げの推移が分かる

🔗 関連レッスン

レッスン22	いくつかの商品をまとめて集計するには	p.88
レッスン29	項目をグループ化して構成比を求めるには	p.116
レッスン49	タイムラインで特定の期間の集計結果を表示するには	p.206

1 グループ化したい項目を選択する

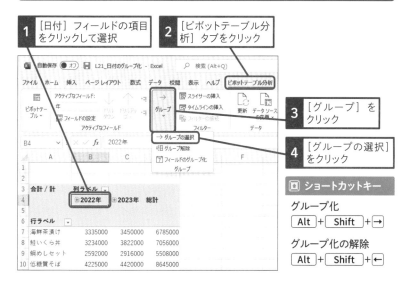

1 [日付] フィールドの項目をクリックして選択

2 [ピボットテーブル分析] タブをクリック

3 [グループ] をクリック

4 [グループの選択] をクリック

	A	B	C		F
1					
2					
3	合計 / 計	列ラベル			
4		±2022年	±2023年	総計	
5					
6	行ラベル				
7	海鮮茶漬け	3335000	3450000	6785000	
8	鮭いくら丼	3234000	3822000	7056000	
9	鯛めしセット	2592000	2916000	5508000	
10	低糖質そば	4225000	4420000	8645000	

□ ショートカットキー

グループ化
[Alt] + [Shift] + [→]

グループ化の解除
[Alt] + [Shift] + [←]

2 期間を選択する

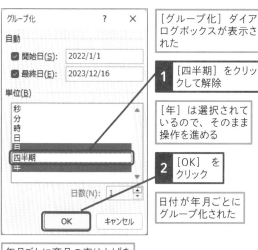

[グループ化] ダイアログボックスが表示された

1 [四半期] をクリックして解除

[年] は選択されているので、そのまま操作を進める

2 [OK] をクリック

日付が年月ごとにグループ化された

年月ごとに商品の売り上げを集計できた

⚠ ここに注意

[グループ化] ダイアログボックスでは、クリックして青く表示された項目が選択されます。操作1で、[月] をクリックして月の選択が解除されてしまったときは、もう一度 [月] をクリックして選択します。

いくつかの商品を まとめて集計するには

文字のグループ化　　　　　　　　**練習用ファイル**　L22_文字のグループ化.xlsx

任意のグループごとに集計できる

商品名や担当者別などにデータを集計した後、「商品の種類」や「営業グループ」など、もう少し大きな単位にまとめた集計結果を確認したい場合には、分類の項目を追加して集計します。しかし、元のリストに、「商品の種類」や「営業グループ」などの情報が入ったフィールドが都合よくあるとは限りません。そんなときに利用すると便利なのが、「グループ化」の機能です。これを利用すれば、元のリストに手を加えなくても、任意に選んだ項目を1つにまとめて、その結果を簡単に把握できます。

Before

商品別の売上金額は確認できるが、種類別に売り上げを集計したい

3	行ラベル ▼	合計 / 計
4	海鮮茶漬け	6785000
5	鮭いくら丼	7056000
6	鯛めしセット	5508000
7	低糖質そば	8645000
8	豆塩大福	9802000
9	米粉そば	7072000
10	抹茶プリン	4232000
11	名物うどん	16315000
12	名物そば	14212000
13	苺タルト	10478000
14	総計	90105000
15		
16		
17		

→

After

商品の種類別にグループ化できた

3	行ラベル ▼	合計 / 計
4	⊟ 家庭用	47385000
5	鮭いくら丼	7056000
6	豆塩大福	9802000
7	名物うどん	16315000
8	名物そば	14212000
9	⊟ 贈答用	27003000
10	海鮮茶漬け	6785000
11	鯛めしセット	5508000
12	抹茶プリン	4232000
13	苺タルト	10478000
14	⊟ その他	15717000
15	低糖質そば	8645000
16	米粉そば	7072000
17	総計	90105000

🔗 関連レッスン

1 グループ化したい項目を選択する

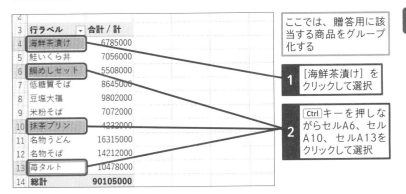

ここでは、贈答用に該当する商品をグループ化する

1 [海鮮茶漬け] をクリックして選択

2 Ctrlキーを押しながらセルA6、セルA10、セルA13をクリックして選択

3	行ラベル ▼	合計 / 計
4	海鮮茶漬け	6785000
5	鮭いくら丼	7056000
6	鯛めしセット	5508000
7	低糖質そば	8645000
8	豆塩大福	9802000
9	米粉そば	7072000
10	抹茶プリン	4232000
11	名物うどん	16315000
12	名物そば	14212000
13	苺タルト	10478000
14	**総計**	**90105000**

2 選択した項目をグループ化する

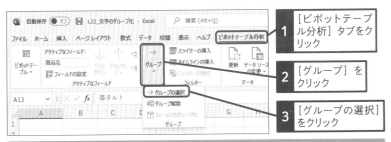

1 [ピボットテーブル分析] タブをクリック

2 [グループ] をクリック

3 [グループの選択] をクリック

⚠ ここに注意

間違って違う項目をグループ化してしまったときは、グループ化された項目を選択し、[ピボットテーブル分析] タブに ある [グループ解除] ボタンをクリックします。

💡 使いこなしのヒント

項目を自由に分類できる

左ページの [Before] の画面は、商品別の売り上げを集計したものですが、[After] の画面では、商品をいくつかの種類にまとめて、集計結果を表示しています。元のリストに商品の種類を表すフィールドがなくても、グループ化の機 能を利用すれば、「贈答用」「家庭用」「その他」など、任意の分類の集計結果をまとめられます。なお、このレッスンの例では、分類別の小計を表示しています。小計の表示方法はレッスン30で詳しく解説します。

22

文字のグループ化

次のページに続く ➡

●グループ名を付ける

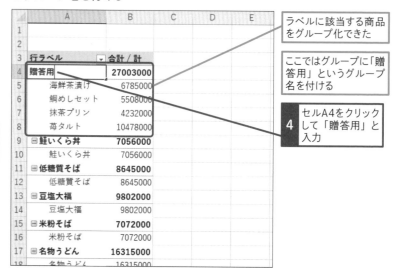

ラベルに該当する商品をグループ化できた

ここではグループに「贈答用」というグループ名を付ける

4 セルA4をクリックして「贈答用」と入力

3 さらにグループ化したい項目を選択する

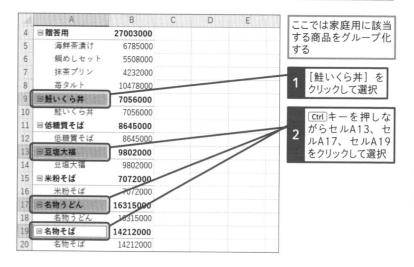

ここでは家庭用に該当する商品をグループ化する

1 [鮭いくら丼]をクリックして選択

2 Ctrlキーを押しながらセルA13、セルA17、セルA19をクリックして選択

●さらにグループ化する

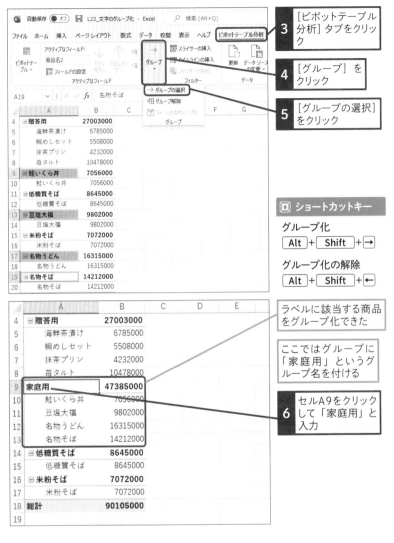

3 [ピボットテーブル分析] タブをクリック

4 [グループ] をクリック

5 [グループの選択] をクリック

■ ショートカットキー

グループ化
`Alt` + `Shift` + `→`

グループ化の解除
`Alt` + `Shift` + `←`

	A	B	C	D	E
4	⊟贈答用	27003000			
5	海鮮茶漬け	6785000			
6	鯛めしセット	5508000			
7	抹茶プリン	4232000			
8	苺タルト	10478000			
9	家庭用	47385000			
10	鮭いくら丼	7056000			
11	豆塩大福	9802000			
12	名物うどん	16315000			
13	名物そば	14212000			
14	⊟低糖質そば	8645000			
15	低糖質そば	8645000			
16	⊟米粉そば	7072000			
17	米粉そば	7072000			
18	総計	90105000			
19					

ラベルに該当する商品をグループ化できた

ここではグループに「家庭用」というグループ名を付ける

6 セルA9をクリックして「家庭用」と入力

次のページに続く→

4 余った項目もグループ化する

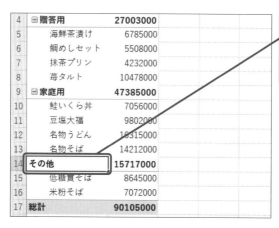

4	⊟贈答用	27003000
5	海鮮茶漬け	6785000
6	鯛めしセット	5508000
7	抹茶プリン	4232000
8	苺タルト	10478000
9	⊟家庭用	47385000
10	鮭いくら丼	7056000
11	豆塩大福	9802000
12	名物うどん	16315000
13	名物そば	14212000
14	その他	15717000
15	低糖質そば	8645000
16	米粉そば	7072000
17	総計	90105000

> 1 手順1〜3を参考に、残った商品を「その他」というグループ名でグループ化

☀ 使いこなしのヒント

数値データをグループ化するには

項目が数値データの場合は、数値の範囲を指定してデータをグループ化します。数値データが入っているフィールドをクリックし、手順2の操作を行います。どの範囲の数値を対象にするか、また、いくつずつ同じグループにまとめるかを、[グループ化]ダイアログボックスで設定しましょう。

> ピボットテーブル内の数値のフィールドを選択して、手順2の操作を実行しておく

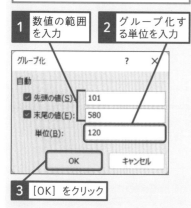

1 数値の範囲を入力
2 グループ化する単位を入力

グループ化   ? ×

自動
☑ 先頭の値(S) 101
☑ 末尾の値(E): 580
単位(B):   120

OK   キャンセル

3 [OK] をクリック

> 「101〜580」の項目が「120」ずつグループ化された

	A	B	C	D
1				
2				
3	行ラベル ▾	合計 / 計		
4	101-220	19381000		
5	221-340	22454000		
6	341-460	22572000		
7	461-580	25698000		
8	総計	90105000		
9				

5 グループを並べ替える

グループ化したそれ
ぞれのグループを並
べ替える

1 レッスン16の手
順1〜2を参考
に、「家庭用」「贈
答用」「その他」
の順に並べ替え

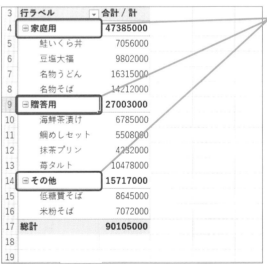

グループをそれぞれ
並べ替えられた

⚠ ここに注意

間違って違う項目をグ
ループ化してしまった
ときは、グループ化さ
れてしまった項目を選
択し、[ピボットテー
ブル分析] タブの [グ
ループ解除] ボタンを
クリックしましょう。

スキルアップ

「ユーザー設定リスト」を編集するには

リストに登録した項目の順番を変更するには、76ページの方法で、[ユーザー設定リスト]ダイアログボックスを表示し、登録したリストを選択します。[リストの項目]欄にリストが表示されたら、順番を変更し、[OK]ボタンをクリックします。また、ユーザー設定リストに登録したリストを削除するには、下の画面で、[ユーザー設定リスト]から削除するリストをクリックして選択し、[削除]ボタンをクリックします。

76ページを参考に[ユーザー設定リスト]ダイアログボックスを表示しておく

| 1 | [ユーザー設定リスト]から編集するリストをクリックして選択 |
| 2 | [リストの項目]の項目を修正 |

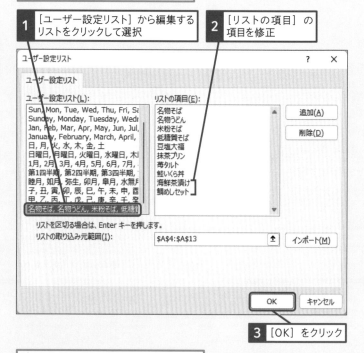

リストを区切る場合は、Enter キーを押します。

3 [OK]をクリック

[OK]をクリックして[Excelのオプション]ダイアログボックスを閉じる

基本編

第 4 章

集計方法を
変えた表を作ろう

ピボットテーブルは、数値の合計だけでなく、データの
個数や比率なども求められます。違った視点からデータ
を集計して、データの裏に隠れている事実を探ってみま
しょう。

「月別」の注文明細件数を求めるには

データの個数　　　　　　　　　　　　　**練習用ファイル** L23_データの個数.xlsx

計算方法をデータの「個数」に変更してみよう

これまでのレッスンでは、商品名や顧客別に売上金額の合計を求めましたが、合計だけでは見えてこないデータもあります。例えば、注文明細件数の推移や、平均購入金額の推移などは合計を見ているだけでは分かりません。このようなときにも、ピボットテーブルを使えば、合計を求める以外にもさまざまな計算ができます。

Before

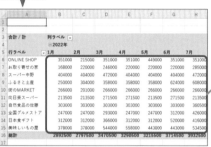

顧客別の売上金額は確認できるが、どの顧客から月ごとに何件注文があったかが分からない

After

顧客別の注文明細件数を集計できる

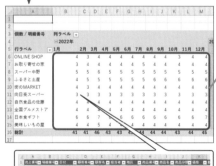

集計元のリストを見ると、3件の明細があることが分かる

1 [明細番号]の連番の合計数を集計する

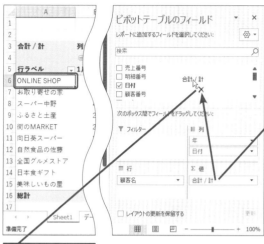

[値] エリアの [計]
フィールドを削除する

1 ピボットテーブル
内のセルをクリック
して選択

2 [合計/計] にマウ
スポインターを合
わせる

3 ここまでドラッグ

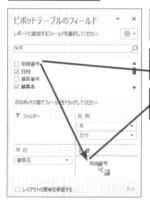

[値] エリアに [明細番号]
フィールドを配置する

4 [明細番号] にマウス
ポインターを合わせる

5 [値] エリアに
ドラッグ

⚠ **ここに注意**

間違ったエリアに
フィールドを配置して
しまったときは、[レイ
アウトセクション]の
目的のエリアにフィー
ルドをドラッグして配
置し直します。

💡 **使いこなしのヒント**

初めから集計方法がデータの「個数」のときもある

ピボットテーブルでは、数値データがあ
るフィールドを [値] エリアに配置すると、
集計方法が自動的に「合計」になります。
また、数値以外のデータがあるフィール

ドを [値] エリアに配置すると、集計方
法が [個数] になります。集計方法は手
順2の方法で変更できます。

次のページに続く →

2 値フィールドの集計方法を設定する

[明細番号] フィールドが [値] エリアに配置された	ここでは注文件数を集計したいので、フィールドの計算方法を変更する

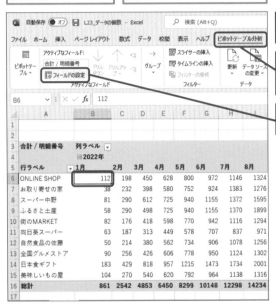

1 値の項目をクリックして選択

2 [ピボットテーブル分析] タブをクリック

3 [フィールドの設定] をクリック

⚡ 使いこなしのヒント

別のダイアログボックスが表示されたときは

手順2で、[値フィールドの設定] ダイアログボックスが表示されない場合は、手順2の操作1で、[行フィールド] や [列フィールド] に配置されたフィールドを選択していた可能性があります。その場合は [キャンセル] ボタンをクリックし、操作1から操作し直します。

⚡ 使いこなしのヒント

右クリックで集計方法を変えるには

値の項目を右クリックして、ショートカットメニューの [値の集計方法] の [データの個数] をクリックしても集計方法を変更できます。

●値フィールドを指定する

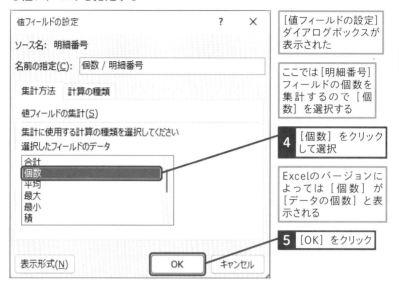

[値フィールドの設定]ダイアログボックスが表示された

ここでは[明細番号]フィールドの個数を集計するので[個数]を選択する

4 [個数]をクリックして選択

Excelのバージョンによっては[個数]が[データの個数]と表示される

5 [OK]をクリック

使いこなしのヒント

フィールドエリアから設定できる

集計方法を変更する[値フィールドの設定]ダイアログボックスを表示するには、[値]エリアに配置されているフィールドをクリックする方法もあります。次のように操作します。

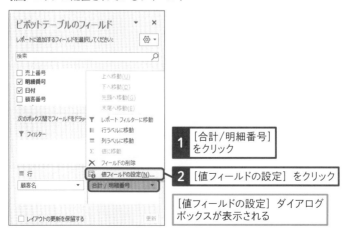

1 [合計/明細番号]をクリック

2 [値フィールドの設定]をクリック

[値フィールドの設定]ダイアログボックスが表示される

24 「商品別」の売り上げの割合を求めるには

動画で見る

行方向の比率　　　　　　　　　練習用ファイル　L24_行方向の比率.xlsx

計算の種類を変更して、構成比を意識してみよう

数値の実態を正確に把握するためには、各項目が全体に占める構成比率を求めたり、前年度との差分の比率を求めて成長率を確認したりするなど、さまざまな角度からデータを見ることが重要です。

Before

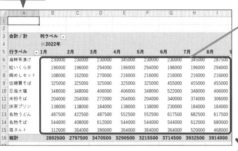

商品別の売上金額は確認できるが、各商品の構成比は分からない

After

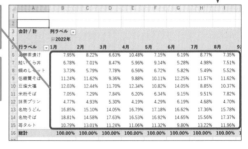

売り上げ全体に占める各商品の売り上げの割合を求められた

総計（行番号16）を100%とした商品（縦方向）の割合が表示された

🔗 関連レッスン

1 値フィールドの集計方法を設定する

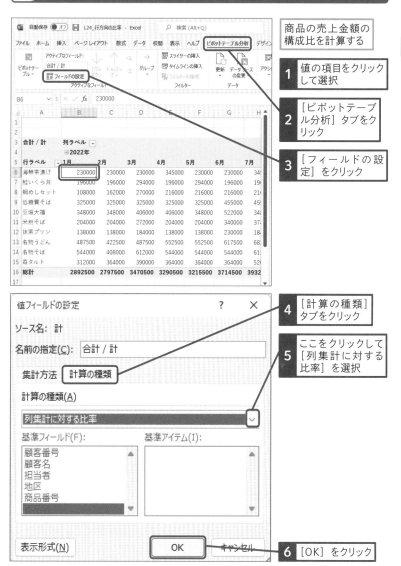

商品の売上金額の
構成比を計算する

1 値の項目をクリック
して選択

2 [ピボットテーブル分析] タブをクリック

3 [フィールドの設定] をクリック

4 [計算の種類] タブをクリック

5 ここをクリックして [列集計に対する比率] を選択

6 [OK] をクリック

値フィールドの設定

ソース名: 計

名前の指定(C): 合計 / 計

集計方法 計算の種類

計算の種類(A)

列集計に対する比率

基準フィールド(F):
顧客番号
顧客名
担当者
地区
商品番号

基準アイテム(I):

表示形式(N) OK キャンセル

売り上げ全体に占める各商品の
売り上げの割合を求められた

前月比は成長率を知るカギ

前月と今月の売り上げや利益を比較すれば、「どの商品に勢いがあるのか」「プラス成長なのかマイナス成長なのか」など、商品の売上成長率や利益率が見えてきます。ピボットテーブルの計算方法を変更するだけで、簡単に前月比や伸び率などを求められます。

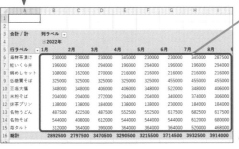

Before

商品別の売上金額は確認できるが、売り上げが前月より上がっているか下がっているかが分かりづらい

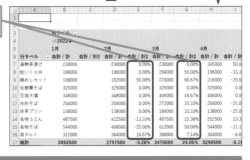

After

商品の売上金額から前月比を求められた

🔗 関連レッスン

1 前月比を求めるフィールドを追加する

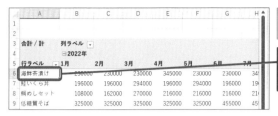

[計]フィールドを[値]エリアに配置する

1 ピボットテーブル内のセルをクリックして選択

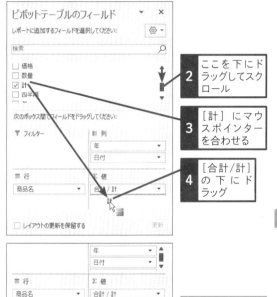

2 ここを下にドラッグしてスクロール

3 [計]にマウスポインターを合わせる

4 [合計/計]の下にドラッグ

[計2]フィールドが[値]エリアに配置された

⚠ ここに注意

間違ったエリアにフィールドを配置してしまったときは、[レイアウトセクション]の目的のエリアにフィールドをドラッグして配置し直します。

⬥ 使いこなしのヒント

成長の大きさを数値で把握できる

左ページの[Before]の画面は、月ごとに商品別の売上金額をまとめたものですが、これに前月比の値を追加したものが[After]の画面です。成長率を見れば、成長の大きさを数値で把握できるので、成長性に影響を与える要因を検証するときなどに役立てられます。例えば、売り上げ上昇の背景に広告掲載の影響が考えられる場合などは、影響力の大きさを数値で把握できます。

次のページに続く➡

●値フィールドの計算の種類を選択する

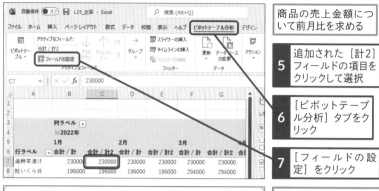

商品の売上金額について前月比を求める

5 追加された[計2]フィールドの項目をクリックして選択

6 [ピボットテーブル分析]タブをクリック

7 [フィールドの設定]をクリック

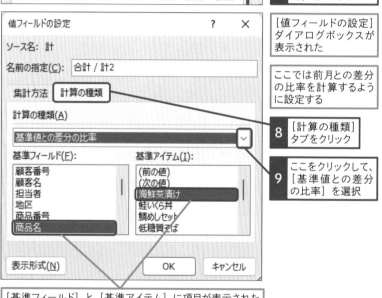

[値フィールドの設定]ダイアログボックスが表示された

ここでは前月との差分の比率を計算するように設定する

8 [計算の種類]タブをクリック

9 ここをクリックして、[基準値との差分の比率]を選択

[基準フィールド]と[基準アイテム]に項目が表示された

🔆 使いこなしのヒント

計算の種類って何?

ピボットテーブルで集計を行うときは、「合計」や「平均」などの「集計方法」を選択できるほか、「計算の種類」を指定することで、ほかのセルの値を比較して集計できます。ここでは、「計算の種類」を指定し、前月との比率の差分を求めています。

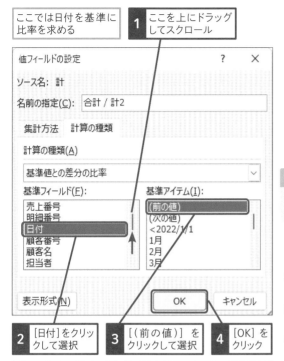

ここでは日付を基準に比率を求める

1 ここを上にドラッグしてスクロール

値フィールドの設定 ? ×

ソース名: 計

名前の指定(C): 合計 / 計2

集計方法　計算の種類

計算の種類(A)

基準値との差分の比率

基準フィールド(F):
売上番号
明細番号
日付
顧客番号
顧客名
担当者

基準アイテム(I):
(前の値)
(次の値)
<2022/1/1
1月
2月
3月

表示形式(N)　　OK　　キャンセル

2 [日付]をクリックして選択

3 [(前の値)]をクリックして選択

4 [OK]をクリック

商品の売上金額から前月比を求められた

「1月」は年をまたいで算出できないので、空白になる

● 使いこなしのヒント

値フィールドの並び順を変更するには

[値]エリアに複数のフィールドを配置するときは、フィールドを横または縦に並べられます。表示方法を変更するには、[レイアウトセクション]に表示されている[Σ値]の項目を[行]または[列]エリアにドラッグします。

● 使いこなしのヒント

「基準フィールド」と「基準アイテム」って何?

選択した計算の種類によっては、計算を行う[基準フィールド]や計算に使用する[基準アイテム]を指定する必要があります。その場合、まずは[基準フィールド]を選択します。[基準アイテム]ボックスに指定したフィールドのアイテム一覧、前後の項目を計算の対象にする[(前の値)][(次の値)]などの項目が表示された場合は、[基準アイテム]を選択し、計算の内容を指定します。

26 集計値の累計を求めるには

累計　　　　　　　　　　　　　練習用ファイル　L26_累計.xlsx

パレート図の作成などにも役立つ

「今月の10日時点の売り上げ」や「20日時点の売り上げ」「売上高上位○位までの商品の売上合計」など、「ある時点での売上金額の合計」がすぐに分かるようにするには、各項目の合計を上から順に足す「累計」を使いましょう。ピボットテーブルを使えば、計算の種類を変更するだけで、簡単に累計データを追加できます。累計データは、パレート図を作成するときなどにも利用できます。

Before

月ごとの累計売上金額が分からない

After

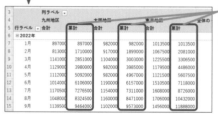

月ごとの売り上げの合計を上から順に足した累計を、地区別に表示できる

基本編
第4章
集計方法を変えた表を作ろう

1 値フィールドの計算の種類を設定する

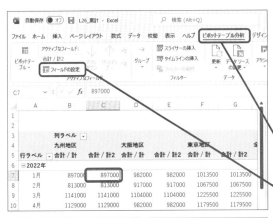

レッスン25の手順1を参考に[計]フィールドを[値]エリアにドラッグしておく

1 追加した[計2]フィールドの項目をクリックして選択

2 [ピボットテーブル分析]タブをクリック

3 [フィールドの設定]をクリック

[値フィールドの設定]ダイアログボックスが表示された

ここでは[日付]フィールドの累計を設定する

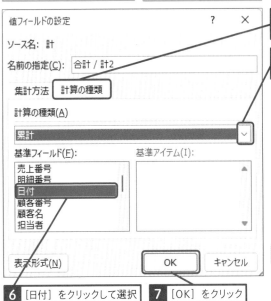

4 [計算の種類]タブをクリック

5 ここをクリックして[累計]を選択

6 [日付]をクリックして選択

7 [OK]をクリック

月ごとの売上金額から累計が求められた

レッスン20を参考に分かりやすいラベル名に変更しておく

⚠ ここに注意

計算の種類の選択を間違えて[OK]ボタンをクリックしてしまったときは、もう一度最初から操作し直します。

複数のフィールドの追加 　　　練習用ファイル　L27_複数フィールド.xlsx

複数の集計値を並べて比較してみよう

ピボットテーブルでは、1つの集計結果だけでなく、複数の集計結果を同じ集計表の中に表示できます。例えば、合計と構成比、合計と平均値などを1つの集計表に表示したり、成長率と収益率などを横に並べて比較したりできます。

Before

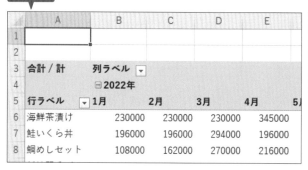

商品別の売上金額から、どれくらいの注文件数と注文数量があったのか分からない

↘

After

月別の注文明細件数や注文数量を集計できる

🔗 関連レッスン

レッスン24　「商品別」の売り上げの割合を求めるには　　　p.100

1 月別の注文数量を集計する

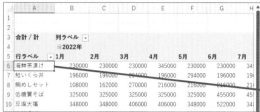

ここでは、フィールドの追加を行う。[数量] フィールドを [値] エリアに配置する

1 ピボットテーブル内のセルをクリックして選択

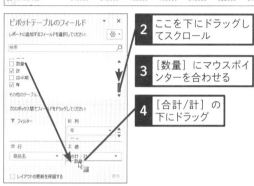

2 ここを下にドラッグしてスクロール

3 [数量] にマウスポインターを合わせる

4 [合計/計] の下にドラッグ

[数量] フィールドが [値] フィールドに配置された

[明細番号] フィールドを [値] エリアに配置する

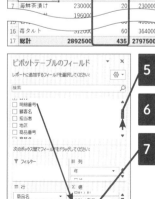

5 ここを上にドラッグしてスクロール

6 [明細番号] にマウスポインターを合わせる

7 [合計/数量] の下にドラッグ

⚠ ここに注意

間違ったエリアにフィールドを配置してしまったときは、[レイアウトセクション] の目的のエリアにフィールドをドラッグして配置し直します。

次のページに続く ➡

●フィールドの計算方法を変更する

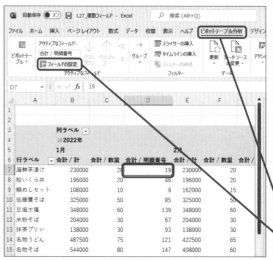

基本編 第4章 集計方法を変えた表を作ろう

[明細番号] フィールドが [値] エリアに配置された

ここでは注文件数を集計したいので、フィールドの計算方法を変更する

8 [明細番号] フィールドの項目をクリックして選択

9 [ピボットテーブル分析] タブをクリック

10 [フィールドの設定] をクリック

[値フィールドの設定] ダイアログボックスが表示された

ここでは [明細番号] フィールドの個数を集計するので [個数] を選択する

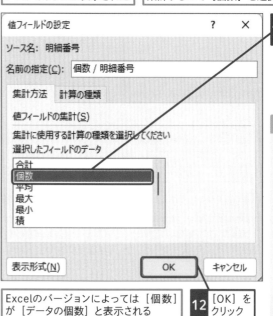

11 [個数] をクリックして選択

⚠ ここに注意

操作8で [値] エリアにあるフィールド以外のセルを選択して [フィールドの設定] ボタンをクリックすると、[フィールドの設定] ダイアログボックスが表示されます。その場合は、[キャンセル] ボタンをクリックして、操作8からやり直します。

Excelのバージョンによっては [個数] が [データの個数] と表示される

12 [OK] をクリック

2 フィールドの並び順を変更する

[明細番号] フィールドの
集計方法が変わった

続いて、フィールドの
並び順を変更する

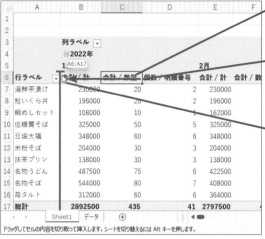

1 セルC6をクリック
して選択

2 ここにマウスポイン
ターを合わせる

マウスポインター
の形が変わった

3 ここまでドラッグ

列番号Aと列番号Bの
間に太い線が表示さ
れるところまでドラッグ
する

ドラッグしてセルの内容を切り取って挿入します。シートを切り替えるには Alt キーを押します。

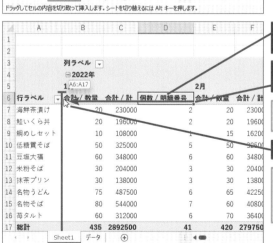

4 セルD6をクリック
して選択

5 ここにマウスポイン
ターを合わせる

マウスポインター
の形が変わった

6 ここまでドラッグ

列番号Aと列番号Bの
間に太い線が表示さ
れるところまでドラッグ
する

ドラッグしてセルの内容を切り取って挿入します。シートを切り替えるには Alt キーを押します。

フィールドの並び順を
変更できた

レッスン20を参考に分かりや
すいラベル名に変更しておく

レッスン09を参考に列幅を調整しておく

数式のフィールドを挿入して手数料を計算するには

集計フィールドの挿入 　　　　　**練習用ファイル** 　L28_集計フィールド.xlsx

すでにあるフィールドで数式を作成する

ピボットテーブルでは、リストのフィールドを元に集計しますが、集計したいフィールドが常にリストにあるとは限りません。しかし、ピボットテーブルでは、既存のフィールドから数式を作成し、集計用のフィールドを追加できます。

Before

顧客別の売上金額と、その売上金額に
よってかかる手数料を集計したい

3	合計 / 計	列ラベル							
4		⊟2022年							
5	**行ラベル**	1月	2月	3月	4月	5月	6月	7月	8月
6	ONLINE SHOP	351000	215000	351000	351000	449000	351000	351000	351000
7	お取り寄せの家	168000	220000	246000	220000	220000	220000	285000	220000
8	スーパー中野	404000	404000	472000	404000	404000	404000	472000	472000
9	ふるさと土産	250000	304000	358000	358000	358000	624000	608000	638000
10	街のMARKET	266000	201000	266000	266000	266000	266000	266000	266000
11	向日葵スーパー	213500	213500	271500	271500	213500	271500	213500	213500

After

合計金額の手数料を集計できる

3		列ラベル						
4		⊟2022年						
5		1月		2月		3月		4月
6	**行ラベル**	合計 / 計	合計 / 手数料	合計 / 計	合計 / 手数料	合計 / 計	合計 / 手数料	合計 / 計
7	ONLINE SHOP	351000	¥17,550	215000	¥10,750	351000	¥17,550	3510
8	お取り寄せの家	168000	¥8,400	220000	¥11,000	246000	¥12,300	2200
9	スーパー中野	404000	¥20,200	404000	¥20,200	472000	¥23,600	4040
10	ふるさと土産	250000	¥12,500	304000	¥15,200	358000	¥17,900	3580
11	街のMARKET	266000	¥13,300	201000	¥10,050	266000	¥13,300	2660

🔗 **関連レッスン**

1 手数料を計算するフィールドを追加する

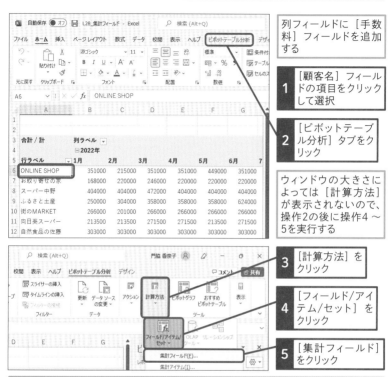

列フィールドに [手数料] フィールドを追加する

1 [顧客名] フィールドの項目をクリックして選択

2 [ピボットテーブル分析] タブをクリック

ウィンドウの大きさによっては [計算方法] が表示されないので、操作2の後に操作4〜5を実行する

3 [計算方法] をクリック

4 [フィールド/アイテム/セット] をクリック

5 [集計フィールド] をクリック

⚠ ここに注意

操作1で間違って [集計アイテム] を選択してしまうと、アイテムを追加できないことを示すメッセージが表示されます。その場合は、[OK] ボタンをクリックし、操作をやり直します。

💡 使いこなしのヒント

集計フィールドと集計アイテム

操作4で [フィールド/アイテム/セット] をクリックすると、[集計フィールド] や [集計アイテム] が表示されます。集計フィールドは、既存のフィールドを元に数式を作成して計算結果を表示するものです。集計アイテムは、[商品名] フィールドの指定した商品など、既存のフィールドの項目の値を元に計算した結果を集計表の項目に追加して表示するものです。集計アイテムについては、レッスン29を参照してください。

次のページに続く➡

2 [手数料] フィールドを追加する

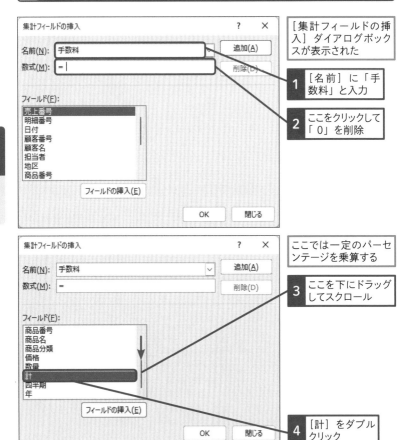

[集計フィールドの挿入] ダイアログボックスが表示された

1 [名前] に「手数料」と入力

2 ここをクリックして「0」を削除

ここでは一定のパーセンテージを乗算する

3 ここを下にドラッグしてスクロール

4 [計] をダブルクリック

基本編 第4章 集計方法を変えた表を作ろう

使いこなしのヒント

数式で利用する演算子について

数式の内容は、フィールド名や算術演算子、関数などを利用して指定します。主な算術演算子は右の表の通りです。算術演算子や( )などの記号は半角文字で入力します。

内容	演算子
足し算	「+」(プラス)
引き算	「-」(マイナス)
掛け算	「*」(アスタリスク)
割り算	「/」(スラッシュ)

●集計フィールドの計算式を完成させる

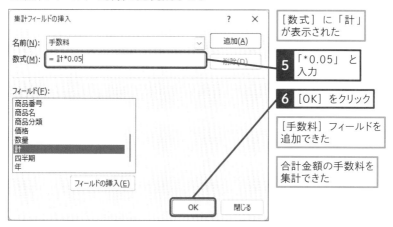

[数式] に「計」
が表示された

名前(N): 手数料

数式(M): = 計*0.05

5 「*0.05」と
入力

6 [OK] をクリック

[手数料] フィールドを
追加できた

合計金額の手数料を
集計できた

28 集計フィールドの挿入

🔆 使いこなしのヒント

数式の内容を一覧で確認するには

集計フィールドの数式の内容を一覧で確認するには、下の手順で操作しましょう。すると、新しいワークシートに数式の内容が表示されます。なお、下の操作2で[計算方法] のボタンが表示されていない場合は、[フィールド/アイテム/セット] をクリックして [数式の一覧表示] をクリックします。

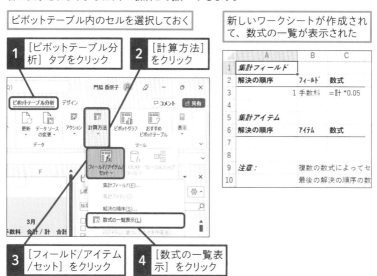

ピボットテーブル内のセルを選択しておく

1 [ピボットテーブル分析] タブをクリック

2 [計算方法] をクリック

3 [フィールド/アイテム/セット] をクリック

4 [数式の一覧表示] をクリック

新しいワークシートが作成されて、数式の一覧が表示された

	A	B	C
1	集計フィールド		
2	解決の順序	フィールド	数式
3		1 手数料	=計 *0.05
4			
5	集計アイテム		
6	解決の順序	アイテム	数式
7			
8			
9	注意:		複数の数式によってセ
10			最後の解決の順序の数

項目をグループ化して構成比を求めるには

集計アイテムの挿入　　　　　　　　　　　　練習用ファイル　L29_集計アイテム.xlsx

集計アイテムで任意の集計項目を追加できる

集計表の項目をひとまとめにする操作は、レッスン22で紹介したグループ化で実現できますが、「集計アイテム」を利用すれば、データをまとめるだけでなく、項目の値を利用して計算した結果を、表の項目と同じ位置に並べて表示できます。

Before

商品の売上金額は確認できるが、麺類の中での売り上げと全体に対する構成比が分からない

After

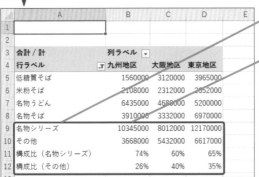

集計アイテムが追加された

[名物うどん] と [名物そば] を [名物シリーズ] として、[米粉そば] と [低糖質そば] を [その他] としてそれぞれグループ化し、売上金額と構成比を集計できる

🔗 関連レッスン

1 集計アイテムを追加する

商品の中分類となる項目を追加する	**1** [商品名] フィールドの項目をクリックして選択

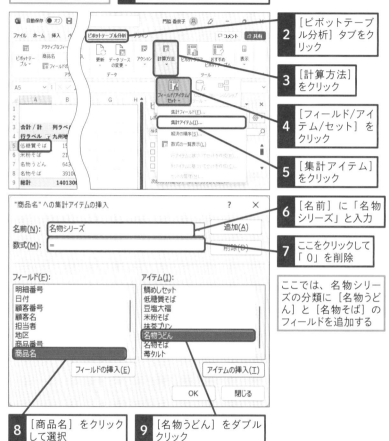

2 [ピボットテーブル分析] タブをクリック

3 [計算方法] をクリック

4 [フィールド/アイテム/セット] をクリック

5 [集計アイテム] をクリック

6 [名前] に「名物シリーズ」と入力

7 ここをクリックして「0」を削除

ここでは、名物シリーズの分類に [名物うどん] と [名物そば] のフィールドを追加する

8 [商品名] をクリックして選択

9 [名物うどん] をダブルクリック

※ 使いこなしのヒント

[計算方法] ボタンが表示されていないときは

手順1の操作3で [計算方法] ボタンが表示されていない場合は、[フィールド/ア イテム/セット] をクリックして [集計アイテム] をクリックします。

次のページに続く →

●追加するアイテムを指定する

10 「+」を入力　**11** [名物そば] をダブルクリック

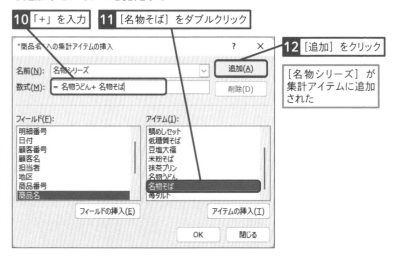

"商品名"への集計アイテムの挿入　　　　　　? ×

名前(N): 名物シリーズ　　　　　　　　　　∨　　追加(A)

数式(M): = 名物うどん+ 名物そば　　　　　　　　削除(D)

12 [追加] をクリック

[名物シリーズ] が
集計アイテムに追加
された

フィールド(E):
明細番号
日付
顧客番号
顧客名
担当者
地区
商品番号
商品名

アイテム(I):
鯛めしセット
低糖質そば
豆塩大福
米粉そば
抹茶プリン
名物うどん
名物そば
苺タルト

フィールドの挿入(E)　　　　　　アイテムの挿入(I)

OK　　閉じる

---

2 グループ「その他」を作成する

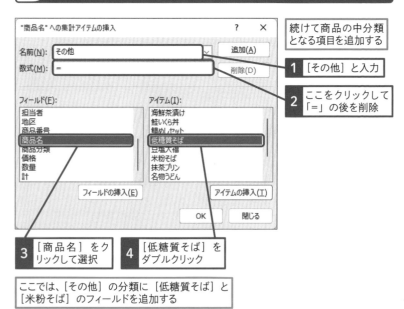

"商品名"への集計アイテムの挿入　　　　　　? ×

名前(N): その他　　　　　　　　　　　∨　　追加(A)

数式(M): =　　　　　　　　　　　　　　　削除(D)

続けて商品の中分類
となる項目を追加する

1 [その他] と入力

2 ここをクリックして
「=」の後を削除

フィールド(E):
担当者
地区
商品番号
商品名
商品分類
価格
数量
計

アイテム(I):
海鮮茶漬け
鮭いくら丼
鯛めしセット
低糖質そば
豆塩大福
米粉そば
抹茶プリン
名物うどん

フィールドの挿入(E)　　　　　　アイテムの挿入(I)

OK　　閉じる

3 [商品名] をク
リックして選択

4 [低糖質そば] を
ダブルクリック

ここでは、[その他] の分類に [低糖質そば] と
[米粉そば] のフィールドを追加する

基本編　第**4**章　集計方法を変えた表を作ろう

●その他の項目に数式を追加する

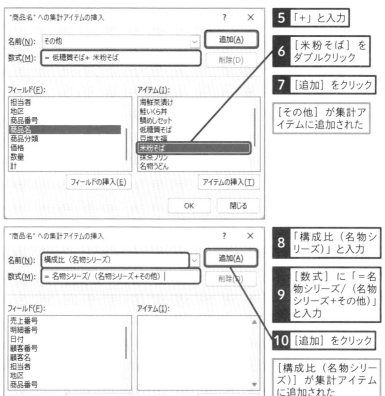

5 「+」と入力

6 [米粉そば] をダブルクリック

7 [追加] をクリック

[その他] が集計アイテムに追加された

8 「構成比（名物シリーズ）」と入力

9 [数式] に「＝名物シリーズ／（名物シリーズ＋その他）」と入力

10 [追加] をクリック

[構成比（名物シリーズ）] が集計アイテムに追加された

⚠ ここに注意

手順2で、数式の入力中に間違って [OK] ボタンをクリックしてしまったときは、もう一度、[集計アイテムの挿入] ダイアログボックスを表示します。その上で、[名前] 欄で修正する集計アイテムの名前を選択し、[数式] 欄で数式を修正して、[変更] ボタンをクリックします。

💡 使いこなしのヒント

アイテムの名前が表示されないときは

手順2の [フィールド] 欄で [商品名] をクリックしても、[アイテム] 欄に商品名のアイテムが表示されない場合は、もう一度 [フィールド] 欄で [商品名] をクリックします。

次のページに続く➡

●その他の項目にさらに追加する

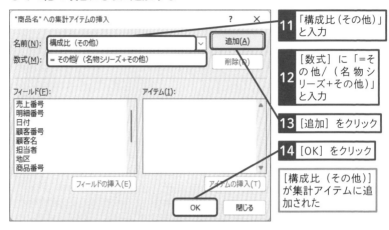

"商品名" への集計アイテムの挿入	? ×

名前(N): 構成比（その他）　　　　　　追加(A)

数式(M): = その他／（名物シリーズ+その他）　　削除(D)

フィールド(E):
売上番号
明細番号
日付
顧客番号
顧客名
担当者
地区
商品番号

アイテム(I):

フィールドの挿入(E)　　　　アイテムの挿入(T)

OK　　閉じる

11 「構成比（その他）」と入力

12 [数式] に「=その他／（名物シリーズ+その他）」と入力

13 [追加] をクリック

14 [OK] をクリック

[構成比（その他）] が集計アイテムに追加された

基本編

第4章

集計方法を変えた表を作ろう

3 構成比をパーセント形式で表示する

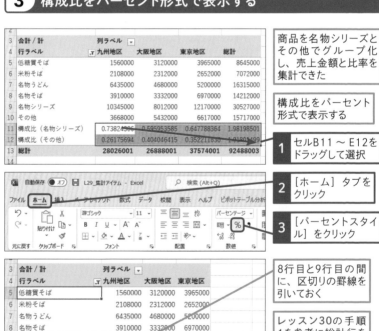

3	合計 / 計	列ラベル			
4	行ラベル	九州地区	大阪地区	東京地区	総計
5	低糖質そば	1560000	3120000	3965000	8645000
6	米粉そば	2108000	2312000	2652000	7072000
7	名物うどん	6435000	4680000	5200000	16315000
8	名物そば	3910000	3332000	6970000	14212000
9	名物シリーズ	10345000	8012000	12170000	30527000
10	その他	3668000	5432000	6617000	15717000
11	構成比（名物シリーズ）	0.738245856	0.595253585	0.647788364	1.98198501
12	構成比（その他）	0.261755694	0.404046415	0.352211636	1.01804599
13	総計	28026001	26888001	37574001	92488003
14					

商品を名物シリーズとその他でグループ化し、売上金額と比率を集計できた

構成比をパーセント形式で表示する

1 セルB11 ～ E12をドラッグして選択

自動保存 ● オフ　L29_集計アイテム - Excel　　検索 (Alt+Q)

ファイル　**ホーム**　挿入　ページレイアウト　数式　データ　校閲　表示　ヘルプ　ピボットテーブル分析

游ゴシック　　11　　　　　　　　　　　パーセンテージ

貼り付け　B I U ～ A^ A^　　　　　　%

元に戻す　クリップボード　フォント　　配置　　数値

2 [ホーム] タブをクリック

3 [パーセントスタイル] をクリック

3	合計 / 計	列ラベル		
4	行ラベル	九州地区	大阪地区	東京地区
5	低糖質そば	1560000	3120000	3965000
6	米粉そば	2108000	2312000	2652000
7	名物うどん	6435000	4680000	5200000
8	名物そば	3910000	3332000	6970000
9	名物シリーズ	10345000	8012000	12170000
10	その他	3668000	5432000	6617000

8行目と9行目の間に、区切りの罫線を引いておく

レッスン30の手順1を参考に総計行を非表示にしておく

集計アイテムを削除するには

集計アイテムを削除するには、[集計アイテムの挿入] ダイアログボックスの [名前] 欄で削除したい集計アイテムを選択し、[削除] ボタンをクリックします。

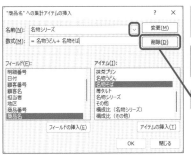

[集計アイテムの挿入] ダイアログ
ボックスを表示しておく

1 ここをクリックして削除する
アイテムを選択

2 [削除] をクリック

総計を非表示にするには

このレッスンでは、比率を計算した結果を表示しています。この場合、総計行で比率の合計を表示する必要はないので、総計行は非表示にしておくといいでしょう。総計行の表示と非表示については、レッスン30を参照してください。

一部のセルをパーセントで表示するには

ピボットテーブルのフィールドにある一部のセルの表示形式を変更するには、セルを選択し、[ホーム] タブの [数値] グループで表示形式を指定します。なお、フィールド全体の表示形式を指定する方法については、レッスン35を参照してください。

1 [ホーム] タブを
クリック

「%」や「,」(コンマ) など
表示形式を設定できる

小計、総計 　　　　　　　　　　**練習用ファイル** L30_小計総計.xlsx

小計や総計を隠してスッキリさせよう

ピボットテーブルを作成すると、行や列の集計値の合計がピボットテーブルの右端と下端に表示されます。しかし、集計値に割合や比率を表示している場合など、総計を表示する必要がないケースもあります。そのような場合、不要な値が表示されていると集計表が読みづらくなるので、隠しておくといいでしょう。

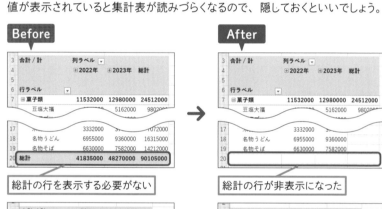

総計の行を表示する必要がない → 総計の行が非表示になった

小計があるとほかの項目の数値が読みづらい → 小計が非表示になった

🔗 関連レッスン

1 総計の行と列を非表示にする

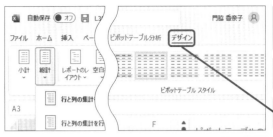

ここでは商品の売上金額の総計の行と列を非表示にする

ピボットテーブル内のセルを選択しておく

1 [デザイン] タブをクリック

2 [総計] をクリック

3 [行と列の集計を行わない] をクリック

一番下に表示されていた総計の行と右に表示されていた総計の列が非表示になった

	A	B	C	D
1				
2				
3	合計			
4			2023年	総計
5				
6	行ラベル ▼			
7	⊟ 菓子類	11532000	12980000	24512000
8	豆塩大福	4640000	5162000	9802000
9	抹茶プリン	1978000	2254000	4232000
10	苺タルト	4914000	5564000	10478000
11	⊟ 魚介類	9161000	10188000	19349000
12	海鮮茶漬け	3335000	3450000	6785000
13	鮭いくら丼	3234000	3822000	7056000
14	鯛めしセット	2592000	2916000	5508000
15	⊟ 麺類	21142000	25102000	46244000
16	低糖質そば	4225000	4420000	8645000
17	米粉そば	3332000	3740000	7072000

[総計] メニュー項目:
- 行と列の集計を行わない(F)
- 行と列の集計を行う(N)
- 行のみ集計を行う(R)
- 列のみ集計を行う(C)

⚠ **ここに注意**

操作3で間違った項目をクリックしてしまったときは、もう一度 [総計] ボタンをクリックし、目的の項目を選択し直します。

次のページに続く ➡

2 小計を非表示にする

ここでは商品分類の売上金額の小計を非表示にする

ピボットテーブル内のセルを選択しておく

1 [デザイン] タブをクリック

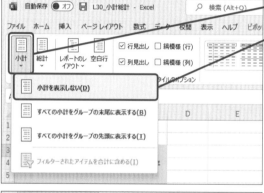

2 [小計] をクリック

3 [小計を表示しない] をクリック

	A	B	C	D
1				
2				
3	合計 / 計	列ラベル ▾		
4		⊞ 2022年	⊞ 2023年	
5				
6	行ラベル ▾			
7	⊟ 菓子類			
8	豆塩大福	4640000	5162000	
9	抹茶プリン	1978000	2254000	
10	苺タルト	4914000	5564000	
11	⊟ 魚介類			
12	海鮮茶漬け	3335000	3450000	
13	鮭いくら丼	3234000	3822000	
14	鯛めしセット	2592000	2916000	
15	⊟ 麺類			
16	低糖質そば	4225000	4420000	

表示されていた小計が非表示になった

⚠ ここに注意

間違った項目をクリックしてしまったときは、もう一度、[小計] ボタンをクリックして目的の項目を選択し直します。

レポートの種類を理解する

ピボットテーブルを作成し、[行] や [列]、[値] エリアにフィールドを配置すると、総計行、総計列が表示されます。総計行、総計列を表示しない場合は、123ページの手順1で [行と列の集計を行わない] を選択します。総計行のみ表示したい場合は [行のみ集計を行う]、総計列のみ表示したい場合は [列のみ集計を行う] を選択します。総計行、総計列ともに表示するには [行と列の集計を行う] を選択します。総計行の表示イメージは次の通りです。

●[行と列の集計を行う] の設定例

総計の行と列が表示される

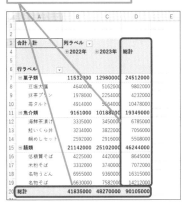

●[行と列の集計を行わない] の設定例

総計の行と列が表示されない

●[列のみ集計を行う] の設定例

列の総計だけが表示される

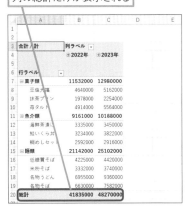

●[行のみ集計を行う] の設定例

行の総計だけが表示される

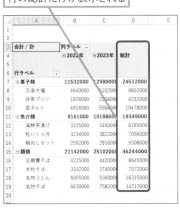

詳細項目の小計　　　　　　　　　　　　　練習用ファイル　L31_詳細項目の小計.xlsx

分類別の表に商品別の小計を追加する

ピボットテーブルでは、項目を分類して集計しているとき、各項目の小計を集計表の末尾に表示できます。

Before

地区ごとに各商品の売上合計は分かるが、すべての地区での合計金額が分からない

After

すべての地区における各商品の売上合計金額が、ピボットテーブルの下に表示された

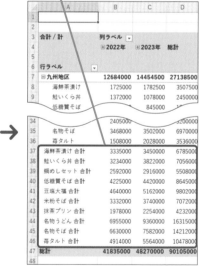

→

🔗 関連レッスン

レッスン30　　　小計や総計行を非表示にするには　　　　　　　　p.122

1 フィールドの設定を変更する

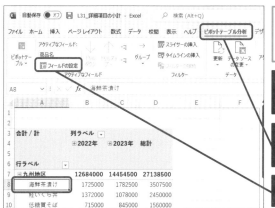

ピボットテーブルの下に [商品名] フィールドの各項目の売上合計金額を表示する

1 [商品名] フィールドの項目をクリックして選択

2 [ピボットテーブル分析] タブをクリック

3 [フィールドの設定] をクリック

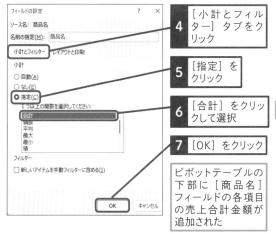

[フィールドの設定] ダイアログボックスが表示された

[商品名] フィールドの各項目の売上合計金額を計算するため [合計] を選択する

4 [小計とフィルター] タブをクリック

5 [指定] をクリック

6 [合計] をクリックして選択

7 [OK] をクリック

ピボットテーブルの下部に [商品名] フィールドの各項目の売上合計金額が追加された

⚠ ここに注意

[フィールドの設定] ダイアログボックスが表示されない場合は、操作1に戻って [商品名] フィールドの項目をクリックしてから操作します。

💡 使いこなしのヒント

複数の集計方法を選べる

集計方法を選ぶときは、複数の集計方法を選べます。例えば、「最大」「最小」を　クリックすると、最大値と最小値の値を並べて表示できます。

できる 127

| レポートフィルター | 練習用ファイル | L32_レポートフィルター .xlsx |

レポートフィルターで集計表のデータを絞り込む

「東京地区の集計表」と「大阪地区の集計表」、「菓子類の集計表」と「麺類の集計表」など、特定の分類を絞り込んで集計したいときは、[フィルター]エリアを利用するといいでしょう。集計表の内容を、地域や日付の期間などで簡単に絞り込めます。

Before

商品別の売上金額が表示されているが、地区や分類から表示する集計結果を選択したい

↓

After

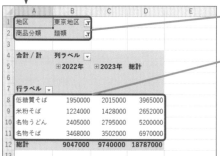

地区や商品分類を選んで集計結果を抽出できる

東京地区の麺類の集計結果だけを抽出できた

1 フィールドを配置する

[行] エリアの [地区] フィールドを
[フィルター] エリアに配置する

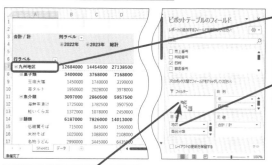

1 ピボットテーブル
内のセルをクリック
して選択

2 [地区] にマウス
ポインターを合わ
せる

3 [フィルター] エリアにドラッグ

[地区] フィールドが [フィルター] エリア に配置された	[行]エリアの[商品分類]フィールドを [フィルター] エリアに 配置する

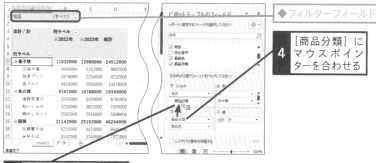

◆フィルターフィールド

4 [商品分類] に
マウスポイン
ターを合わせる

5 [地区] の下にドラッグ

使いこなしのヒント

目的のフィールドがないときは

ピボットテーブル内に目的のフィールド
が表示されていない場合は、[フィールド
セクション] から、[フィルター] エリア
に配置するフィールドを選択し、ドラッ
グします。

次のページに続く ➡

2 データを抽出する

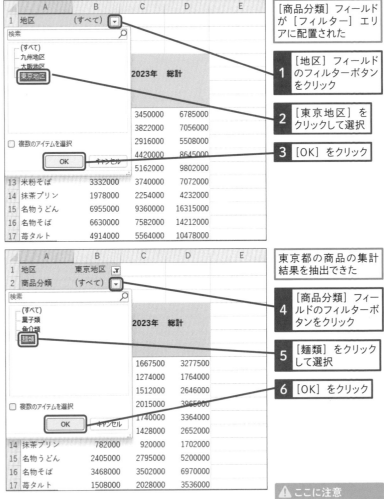

[商品分類] フィールドが [フィルター] エリアに配置された

1 [地区] フィールドのフィルターボタンをクリック

2 [東京地区] をクリックして選択

3 [OK] をクリック

	A	B	C	D	E
1	地区	（すべて） ▼			
	検索 🔍				
	（すべて）				
	九州地区				
	大阪地区		2023年	総計	
	東京地区				
			3450000	6785000	
			3822000	7056000	
			2916000	5508000	
	☐ 複数のアイテムを選択		4420000	8645000	
	OK キャンセル		5162000	9802000	
13	米粉そば	3332000	3740000	7072000	
14	抹茶プリン	1978000	2254000	4232000	
15	名物うどん	6955000	9360000	16315000	
16	名物そば	6630000	7582000	14212000	
17	苺タルト	4914000	5564000	10478000	

東京都の商品の集計結果を抽出できた

4 [商品分類] フィールドのフィルターボタンをクリック

5 [麺類] をクリックして選択

6 [OK] をクリック

	A	B	C	D	E
1	地区	東京地区 ▼			
2	商品分類	（すべて） ▼			
	検索 🔍				
	（すべて）				
	菓子類		2023年	総計	
	魚介類				
	麺類				
			1667500	3277500	
			1274000	1764000	
			1512000	2646000	
	☐ 複数のアイテムを選択		2015000	3965000	
	OK キャンセル		1740000	3364000	
			1428000	2652000	
14	抹茶プリン	782000	920000	1702000	
15	名物うどん	2405000	2795000	5200000	
16	名物そば	3468000	3502000	6970000	
17	苺タルト	1508000	2028000	3536000	

⚠ ここに注意

フィールドを配置する場所を間違ってしまったときは、フィールドをドラッグし、配置し直します。

基本編 第**4**章 集計方法を変えた表を作ろう

130 **できる**

●集計結果が表示された

東京地区の麺類の集計結果が表示された

使いこなしのヒント

フィルターを解除するには

ピボットテーブルで、すべてのフィルター条件を解除するには、ピボットテーブルを選択し、以下の手順で操作します。

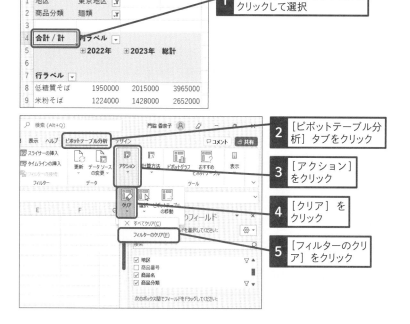

1 ピボットテーブル内のセルをクリックして選択

2 [ピボットテーブル分析] タブをクリック

3 [アクション] をクリック

4 [クリア] をクリック

5 [フィルターのクリア] をクリック

スキルアップ

集計方法の種類を知る

[値] エリアのフィールドの集計方法は、[合計] 以外にもさまざまなものがあります。レッスン23では、注文明細件数を求めるため、[個数] を選択しましたが、ほかにも次のようなものが用意されています。

計算方法	内容
合計	数値の合計
個数（データの個数）	データの数
平均	数値の平均
最大（最大値）	数値の最大値
最小（最小値）	数値の最小値
積	数値の積
数値の個数	数値データの数
標本標準偏差	データを母集団の標本と見なす母集団の推定標準偏差
標準偏差	データ全体を母集団と見なす母集団の標準偏差
標本分散	データを母集団の標本と見なす母集団の推定分散
分散	データ全体を母集団と見なす母集団の分散

[合計][個数] 以外にもさまざまな集計方表を選べる

基本編

第 5 章

表を見やすく
加工しよう

この章では、ピボットテーブルで作成した集計表をより
読み取りやすく表示するためのテクニックを紹介します。
書式やデザインを変更して集計表の見栄えをよくするテ
クニックや、指定した値だけに色を付けて目立たせるワ
ザなど、データや数字の内容を強調する方法を紹介し
ます。

レポートのレイアウト　　　　　　　　**練習用ファイル**　L33_レイアウト.xlsx

見出しや小計行のレイアウトを使い分ける

ピボットテーブルの行や列の見出しや小計行の表示パターンには、「コンパクト形式」「アウトライン形式」「表形式」の3つのレイアウトがあります。用途に合わせてレイアウトを使い分けましょう。

Before

●コンパクト形式のピボットテーブル

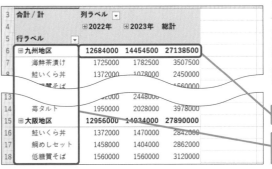

📎 **関連レッスン**

レッスン30
小計や総計行を非表示にするには　p.122

レッスン34
集計表のデザインを簡単に変更するには
p.138

小計が上に表示される

地区と商品名が1列で表示される

After

●表形式のピボットテーブル

[地区] と [商品名] フィールドが別の列で表示される

小計が下に表示される

基本編　第5章　表を見やすく加工しよう

●アウトライン形式のピボットテーブル

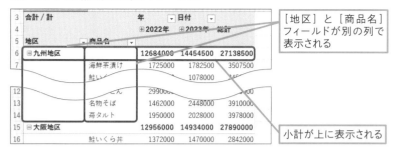

[地区] と [商品名]
フィールドが別の列で
表示される

小計が上に表示される

1 レイアウトをアウトライン形式に変更する

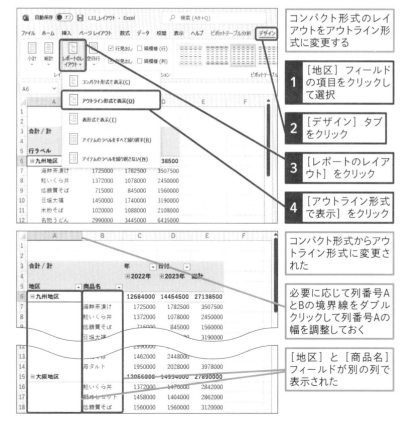

コンパクト形式のレイ
アウトをアウトライン形
式に変更する

1 [地区] フィールド
の項目をクリックし
て選択

2 [デザイン] タブ
をクリック

3 [レポートのレイア
ウト] をクリック

4 [アウトライン形式
で表示] をクリック

コンパクト形式からアウ
トライン形式に変更さ
れた

必要に応じて列番号A
とBの境界線をダブル
クリックして列番号Aの
幅を調整しておく

[地区] と [商品名]
フィールドが別の列で
表示された

次のページに続く ➡

2 レイアウトを表形式に変更する

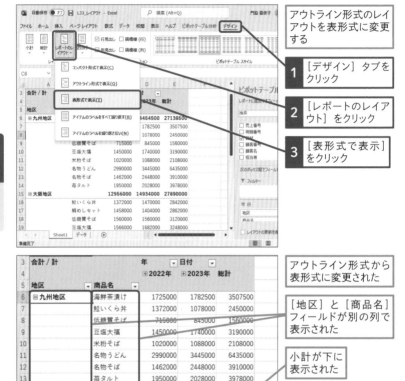

アウトライン形式のレイアウトを表形式に変更する

1 [デザイン] タブをクリック

2 [レポートのレイアウト] をクリック

3 [表形式で表示] をクリック

アウトライン形式から表形式に変更された

[地区] と [商品名] フィールドが別の列で表示された

小計が下に表示された

使いこなしのヒント

3つのレイアウトの違いは何?

前ページの手順1で [コンパクト形式で表示] を選ぶと、[行フィールド] が1つの列の中に収められ、レポートの横幅を小さくまとめて表示できます。[アウトライン形式で表示] を選ぶと、行のフィールドが複数ある場合に、分類名と詳細の列を分けて表示され、詳細は分類の1つ下の行に表示されます。[表形式で表示] を選んだときは、分類名と詳細の列が分かれて表示されますが、詳細は分類名と同じ行から表示されます。また、[アウトライン形式] や [表形式] の場合、フィールド名がピボットテーブルに表示されます (レッスン20参照)。

3 フィールドのラベルを繰り返す

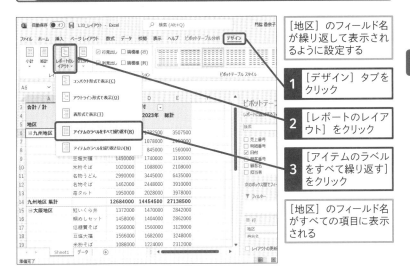

[地区] のフィールド名が繰り返して表示されるように設定する

1 [デザイン] タブをクリック

2 [レポートのレイアウト] をクリック

3 [アイテムのラベルをすべて繰り返す] をクリック

[地区] のフィールド名がすべての項目に表示される

⚠ ここに注意

間違って [アイテムのラベルを繰り返さない] を選択してしまったときは、もう一度手順3の操作をやり直します。

☀ 使いこなしのヒント

分類名のセルを結合して表示するには

ピボットテーブルを表形式で表示しているときは、以下の手順で大分類や中分類を詳細の項目の横にまとめて表示できます。

第2章のスキルアップを参考に [ピボットテーブルオプション] ダイアログボックスを表示しておく

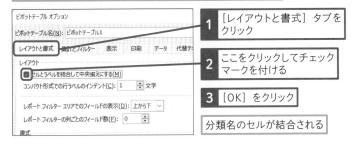

1 [レイアウトと書式] タブをクリック

2 ここをクリックしてチェックマークを付ける

3 [OK] をクリック

分類名のセルが結合される

34 集計表のデザインを 簡単に変更するには

ピボットテーブルスタイル | 練習用ファイル | L34_スタイル.xlsx

洗練されたデザインを選べる

ピボットテーブルの全体のデザインは、[ピボットテーブルスタイル]の一覧から選択して簡単に設定できます。スタイルには、背景の色の濃さによって[淡色][中間][濃色]があります。

Before

標準のデザインが設定されていて、行の違いがはっきりしない

After

1行ずつ色分けしたスタイルに設定すれば、商品ごとの売り上げを区別しやすくなる

💡 使いこなしのヒント

色や色の濃さを一覧から選べる

上の[Before]の画面は、標準のデザインが選択されていて特に変わり映えがしませんが、[After]の画面は、[中間]にあるデザインに変更したものです。さらに、行に縞模様を設定すれば、1行ごとに色が付くので、数値部分の行が見やすくなります。

なお、印刷を行う場合には、背景の色が薄い「淡色系」のデザインがお薦めです。背景が濃いデザインは、文字が見づらくなることがあるので注意しましょう。

1 スタイルの一覧を表示する

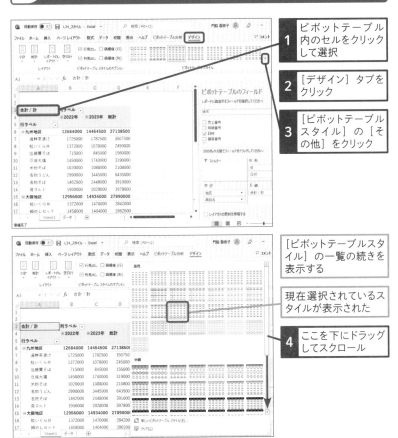

1 ピボットテーブル内のセルをクリックして選択

2 [デザイン] タブをクリック

3 [ピボットテーブルスタイル] の [その他] をクリック

[ピボットテーブルスタイル] の一覧の続きを表示する

現在選択されているスタイルが表示された

4 ここを下にドラッグしてスクロール

次のページに続く→

⚠ ここに注意

手順1で [その他] ボタン (▽) の上の [3/13行] ボタン (^) をクリックすると、左側に表示されるスタイルが変わりますが、スタイルの一覧は表示されません。一覧からスタイルを選択するには、[その他] ボタン (▽) をクリックして操作し直します。

2 ピボットテーブルのスタイルを選択する

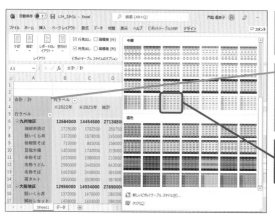

[ピボットテーブルスタイル]の続きが表示された

[ピボットテーブルスタイル]にマウスポインターを合わせると、ピボットテーブルのスタイルが一時的に変わる

1 [ピボットスタイル（中間）24]をクリック

⚠ ここに注意

手順2で別のスタイルを選択してしまったときは、もう一度手順1から操作し直しましょう。

☀ 使いこなしのヒント

1行（1列）ごとに色を付けるには

集計値が表示されている部分の行や列の区別を明確にするには、1行（1列）ごとに色を塗り分ける方法を試してみましょう。それには、[ピボットテーブルスタイルのオプション]グループにある[縞模様（行）][縞模様（列）]をクリックしてチェックマークを付けます。すると、[ピボットテーブルスタイル]の一覧に表示されるイメージが変更されます。また、デザインを選択した後でも、チェックマークを付けて色を付けられます。

表の値に縞模様を付ける

1 [縞模様（行）]と[縞模様（列）]をクリックしてチェックマークを付ける

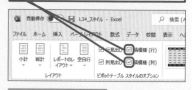

表に縞模様が付いた

基本編 第5章 表を見やすく加工しよう

3 行の書式を設定する

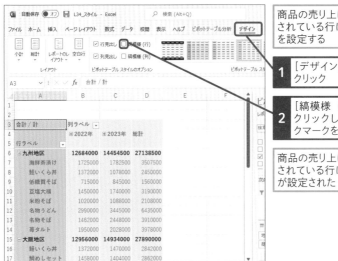

商品の売り上げが表示されている行に縞模様を設定する

1 [デザイン] タブをクリック

2 [縞模様 (行)] をクリックしてチェックマークを付ける

商品の売り上げが表示されている行に縞模様が設定された

🔅 使いこなしのヒント

独自のスタイルを登録するには

ピボットテーブルのスタイルは、独自のものを指定して登録して利用することもできます。それには、次のように操作します。書式を指定したら、[名前] 欄に登録名を入力して [OK] ボタンをクリック

します。登録したスタイルを適用するには、[ピボットテーブルスタイル] の一覧を表示して、[ユーザー設定] 欄から適用するスタイルを選択します。

[ピボットテーブルスタイル] の一覧を表示しておく

1 [新しいピボットテーブルスタイル] をクリック

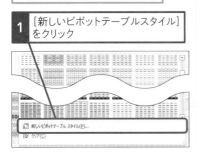

[テーブル要素] から書式を設定するテーブル要素を選択する

[書式] をクリックすると、色などを設定できる

数値にけた区切りの コンマを付けるには

動画で見る

セルの表示形式　　　　　　　　　　　　練習用ファイル　L35_セルの表示形式.xlsx

数値の読み取りやすさが断然変わる

ピボットテーブルでデータを集計した後は、数値の書式を必ず設定しましょう。3けたごとに数字を区切ったり、小数点以下の表示けた数をそろえたり、マイナスの数値を赤字で表示したりするなど、表示形式を指定するだけで、数値の読みやすさが断然違ってきます。

Before

3	合計 / 計	列ラベル		
4		⊞2022年	⊞2023年	総計
5	行ラベル			
6	⊟九州地区	12684000	14454500	27138500
7	海鮮茶漬け	1725000	1782500	3507500
8	鮭いくら丼	1372000	1078000	2450000
9	低糖質そば	715000	845000	1560000
10	豆塩大福	1450000	1740000	3190000
11	米粉そば	1020000	1088000	2108000
12	名物うどん	2990000	3445000	6435000
13	名物そば	1462000	2448000	3910000

> 商品別の売上金額は確認できるが、数値のけた数が分かりにくい

After

3	合計 / 計	列ラベル		
4		⊞2022年	⊞2023年	総計
5	行ラベル			
6	⊟九州地区	12,684,000	14,454,500	27,138,500
7	海鮮茶漬け	1,725,000	1,782,500	3,507,500
8	鮭いくら丼	1,372,000	1,078,000	2,450,000
9	低糖質そば	715,000	845,000	1,560,000
10	豆塩大福	1,450,000	1,740,000	3,190,000
11	米粉そば	1,020,000	1,088,000	2,108,000
12	名物うどん	2,990,000	3,445,000	6,435,000
13	名物そば	1,462,000	2,448,000	3,910,000

> けた区切りのスタイルを設定することで、数値に「,」(コンマ)が付いた

> 数値のけた数がひと目で分かるようになった

🔗 関連レッスン

レッスン24
「商品別」の売り上げの割合を求めるには
p.100

1 合計金額の表示方法を変更する

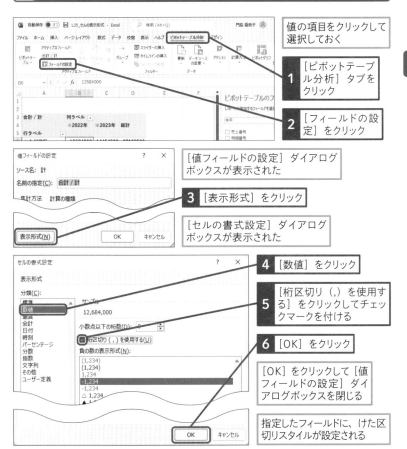

値の項目をクリックして選択しておく

1 [ピボットテーブル分析] タブをクリック

2 [フィールドの設定] をクリック

[値フィールドの設定] ダイアログボックスが表示された

3 [表示形式] をクリック

[セルの書式設定] ダイアログボックスが表示された

4 [数値] をクリック

5 [桁区切り (,) を使用する] をクリックしてチェックマークを付ける

6 [OK] をクリック

[OK] をクリックして [値フィールドの設定] ダイアログボックスを閉じる

指定したフィールドに、けた区切りスタイルが設定される

💡 使いこなしのヒント

数値の書式は [フィールドの設定] で指定しよう

数値の書式は、通常の表のようにセルを選択して [セルの書式設定] ダイアログボックスでも指定できます。ただし、その方法では、後から別のフィールドをピボットテーブルの [値] エリアに追加したときに、すでに指定した書式と同じ書式が自動的に設定される場合があります。そのため、このレッスンでは、[フィールドの設定] ボタンで数値にコンマを表示する方法を紹介しています。この方法であれば、選択している値のフィールド全体に書式が適用されます。

36 指定した値を上回った データのみ色を付けるには

セルの強調表示　　　**練習用ファイル**　L36_セルの強調表示.xlsx

注目させたい数字だけを目立たせよう

集計値の中から「10万円以上」や「10万円以下」など、指定した条件に一致する値を目立たせるセルに色を付けます。ただし、1つずつ数値を探して色を付けるのは、手間がかかるばかりか、データを見落としてしまうこともあるので、効率的ではありません。条件付き書式の機能を利用して、条件に合うデータに自動で色が付くようにしておきましょう。

Before			
合計 / 計	列ラベル		
	⊞2022年	⊞2023年	総計
行ラベル			
ONLINE SHOP	4,075,000	5,044,000	9,119,000
お取り寄せの家	2,841,000	3,160,000	6,001,000
スーパー中野	5,394,000	5,658,000	11,052,000
ふるさと土産	5,630,000	7,425,000	13,055,000
街のMARKET	3,192,000	4,752,000	7,944,000
向日葵スーパー	2,794,000	2,975,000	5,769,000
自然食品の佐藤	3,986,000	4,199,500	8,185,500
全国グルメストア	3,785,000	4,282,000	8,067,000
日本食ギフト	4,370,000	4,524,000	8,894,000
美味しいもの屋	5,768,000	6,250,500	12,018,500
総計	41,835,000	48,270,000	90,105,000

顧客別の売上金額は確認できるが、売上金額が高い数値を見つけにくい

After			
合計 / 計	列ラベル		
	⊞2022年	⊞2023年	総計
行ラベル			
ONLINE SHOP	4,075,000	5,044,000	9,119,000
お取り寄せの家	2,841,000	3,160,000	6,001,000
スーパー中野	5,394,000	5,658,000	11,052,000
ふるさと土産	5,630,000	7,425,000	13,055,000
街のMARKET	3,192,000	4,752,000	7,944,000
向日葵スーパー	2,794,000	2,975,000	5,769,000
自然食品の佐藤	3,986,000	4,199,500	8,185,500
全国グルメストア	3,785,000	4,282,000	8,067,000
日本食ギフト	4,370,000	4,524,000	8,894,000
美味しいもの屋	5,768,000	6,250,500	12,018,500
総計	41,835,000	48,270,000	90,105,000

条件付き書式を設定すれば、「400万円より大きい」という条件でデータを目立たせることができる

さらに「500万円より大きい」という条件でもデータを目立たせることができる

☀ 使いこなしのヒント

書式に条件を設定する

上の [Before] の画面は、顧客ごとに年の売上金額をまとめたものですが、[After] の画面では、条件付き書式を設定して、400万円より大きい値を強調し

ています。条件は複数設定できるので、さらに500万円より大きい値は違う色で強調しています。これなら、該当する値が一目瞭然です。

1 条件付き書式を設定する

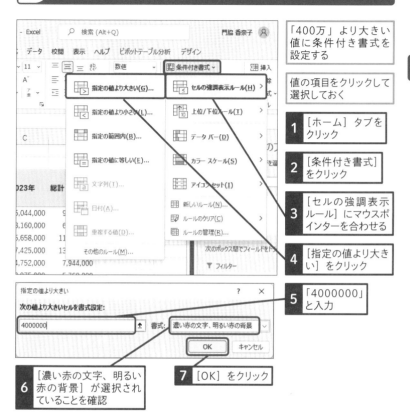

「400万」より大きい値に条件付き書式を設定する

値の項目をクリックして選択しておく

1 [ホーム] タブをクリック

2 [条件付き書式] をクリック

3 [セルの強調表示ルール] にマウスポインターを合わせる

4 [指定の値より大きい] をクリック

5 「4000000」と入力

6 [濃い赤の文字、明るい赤の背景] が選択されていることを確認

7 [OK] をクリック

🔆 使いこなしのヒント

指定した範囲内の数値を強調するには

条件付き書式では、「○○より大きい」や「○○より小さい」だけでなく、さまざまな条件を指定できます。例えば、「91」～「100」の間の数値など、指定した範囲に含まれるデータに書式を設定するには、手順1の操作4で [指定の範囲内] を選択し、数値の範囲を指定します。

1 指定の範囲の数値を入力

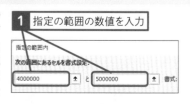

●条件の詳細を設定する

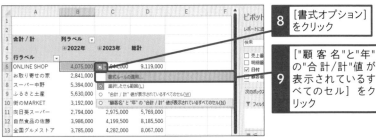

| | 8 | [書式オプション] をクリック |
| 9 | ["顧客名"と"年" の"合計/計"値が 表示されているす べてのセル]をク リック |

条件付き書式が設定さ れ、400万より大きい 値に色が付いた

使いこなしのヒント

条件を後から変更するには

条件付き書式の条件を変更するには、条 件付き書式が設定されているセルをク リックし、以下の手順で操作しましょう。

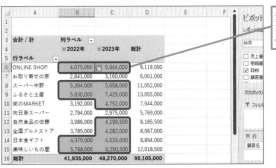

1	[条件付き書式]を クリック
2	[ルールの管理]をクリック
3	変更したい条 件をクリック
4	[ルールの編 集]をクリック

条件を修正できる

2 条件を追加する

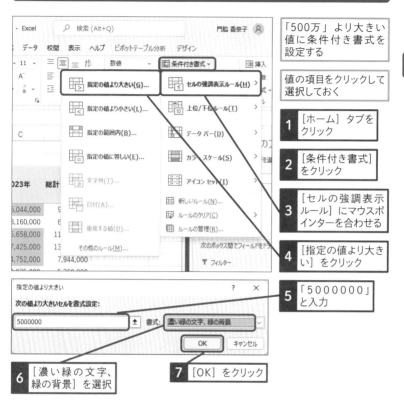

「500万」より大きい値に条件付き書式を設定する

値の項目をクリックして選択しておく

1 [ホーム] タブをクリック

2 [条件付き書式] をクリック

3 [セルの強調表示ルール] にマウスポインターを合わせる

4 [指定の値より大きい] をクリック

5 「5000000」と入力

6 [濃い緑の文字、緑の背景] を選択

7 [OK] をクリック

使いこなしのヒント

条件付き書式にオリジナルの書式を設定するには

条件付き書式では、文字の色や背景の色などの書式を自由に指定できます。それには、操作6の画面で書式の☑をクリックします。一覧から [ユーザー設定の書式] を選択し、[セルの書式設定] ダイアログボックスで書式を設定します。

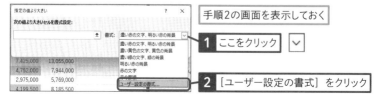

手順2の画面を表示しておく

1 ここをクリック ☑

2 [ユーザー設定の書式] をクリック

次のページに続く→

●条件の詳細を設定する

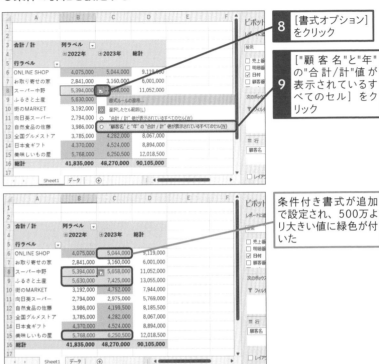

8 [書式オプション] をクリック

9 ["顧客名"と"年"の"合計/計"値が表示されているすべてのセル] をクリック

条件付き書式が追加で設定され、500万より大きい値に緑色が付いた

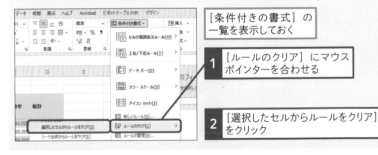

3 設定された条件を確認する

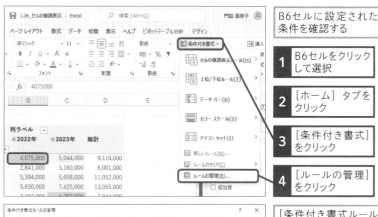

B6セルに設定された条件を確認する

1 B6セルをクリックして選択

2 [ホーム] タブをクリック

3 [条件付き書式]をクリック

4 [ルールの管理]をクリック

[条件付き書式ルールの管理] ダイアログボックスが表示された

セルに複数の条件が設定されている

☀ 使いこなしのヒント

条件付き書式の優先順位を変更する

同じセル範囲に複数の条件付き書式を設定しているときは、条件付き書式の優先順位に注意しましょう。手順3の、[条件付き書式ルールの管理]画面を見ると、「セルの値が500万円より大きいセルを緑にする」「セルの値が400万円より大きいセルを赤にする」という順番になっていま

す。順番を逆にすると、500万円よりも大きいセルも赤になります。もし思うような結果にならず、順番を変更したい場合は、[条件付き書式ルールの管理]画面でルールを選択して右上の ▲ ▼ をクリックして入れ替えます。

アイコンセット	練習用ファイル	L37_アイコンセット.xlsx

数値の大小をマークで表せる

数値の大小の区別をひと目で分かるようにするには、条件付き書式を利用して、色で塗り分ける方法やマークを付けるなど、いくつかの方法があります。ここでは、数値の先頭にマークを表示する方法を紹介します。マークを使えば、使用する「✔」や「✖」などのマークの意味から数値の良しあしを判断できます。

基本編

第5章 表を見やすく加工しよう

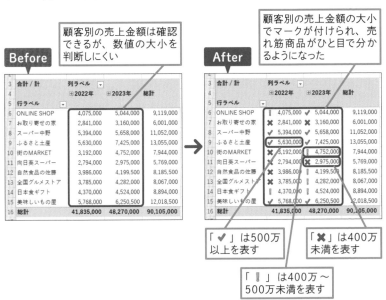

顧客別の売上金額は確認できるが、数値の大小を判断しにくい

顧客別の売上金額の大小でマークが付けられ、売れ筋商品がひと目で分かるようになった

「✔」は500万以上を表す

「✖」は400万未満を表す

「‖」は400万～500万未満を表す

🔗 関連レッスン

レッスン36	指定した値を上回ったデータのみ色を付けるには	p.144

1 アイコンセットの条件付き書式を設定する

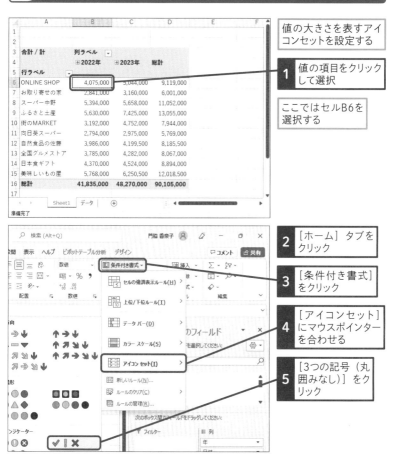

値の大きさを表すアイコンセットを設定する

1 値の項目をクリックして選択

ここではセルB6を選択する

2 [ホーム] タブをクリック

3 [条件付き書式]をクリック

4 [アイコンセット]にマウスポインターを合わせる

5 [3つの記号（丸囲みなし）] をクリック

🔅 使いこなしのヒント

マークの色や形を工夫する

左ページの [Before] の画面は、顧客ごとに年別の売上金額をまとめたものですが、[After] の画面では、集計値によって、「400万未満は ✖」「400万～500万未満は ▮」「500万以上は ✔」が付くように条件付き書式を設定しました。値の違いを色で塗り分けた場合、モノクロプリンターで、色の違いが分かりづらいこともありますが、異なるマークを表示するようにすれば、ひと目で区別できるのでお薦めです。アイコンパターンの一覧から気に入ったものを選びましょう。

次のページに続く →

●表示を確認する

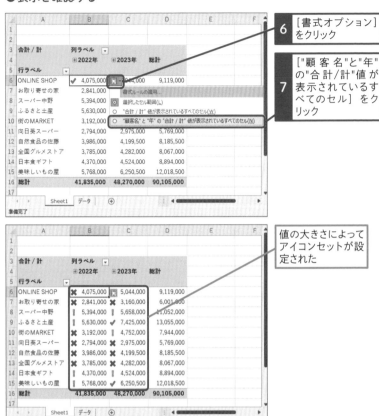

6 [書式オプション] をクリック

7 ["顧客名"と"年" の"合計/計"値 が 表示されているす べてのセル] をク リック

値の大きさによって アイコンセットが設 定された

基本編 第5章 表を見やすく加工しよう

⚠ ここに注意

間違ったアイコンセットを選択してし まったときは、手順1の画面で、[条件付き 書式] - [ルールのクリア] - [選択した セルからルールをクリア] を選択します。

🔅 使いこなしのヒント

選択しているセル範囲に書式を設定するには

[書式オプション] ボタンのメニューから [選択したセル範囲] を選ぶと、選択して いたセル範囲にのみ条件付き書式が設定 されます。

また、["合計/計"値が表示されているす べてのセル] を選択すると、総計行も含 めた [合計/計] が表示されているセル 範囲に、条件付き書式が設定されます。

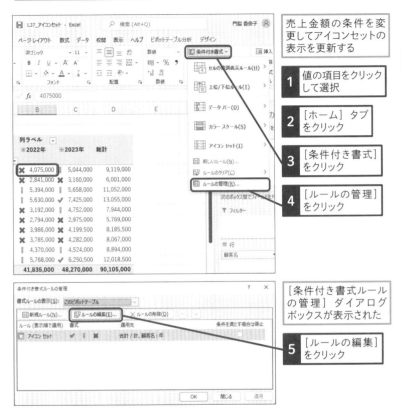

売上金額の条件を変更してアイコンセットの表示を更新する

1　値の項目をクリックして選択

2　[ホーム] タブをクリック

3　[条件付き書式] をクリック

4　[ルールの管理] をクリック

[条件付き書式ルールの管理] ダイアログボックスが表示された

5　[ルールの編集] をクリック

使いこなしのヒント

アイコンのパターンはいろいろある

アイコンセットの中には、さまざまな形のアイコンがあります。このレッスンでは、値の大きさに応じて「✔」「‖」「✖」の3つのいずれかが表示されるようにしましたが、選択したセットによっては、4つや5つのアイコンを使い分けられます。

⚠ ここに注意

手順2の操作5の途中で [OK] ボタンをクリックしてしまったときは、手順2の最初から操作をやり直します。

次のページに続く ➡

3 アイコンセットの条件を設定する

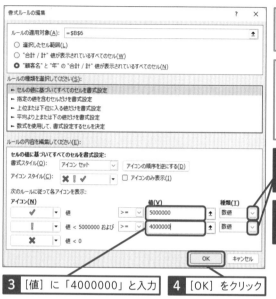

[書式ルールの編集]
ダイアログボックスが
表示された

ここでは、「値が500
万以上は ✔」、「値が
400万以上で、500
万未満は ▮」、「値が
400万未満は ✘」と
いう条件を設定する

1 [種類] のここを
クリックして [数
値] を選択

2 [値] に
「5000000」
と入力

3 [値] に「4000000」と入力

4 [OK] をクリック

5 [条件付き書式ルールの管理] ダイアログ
ボックスで [OK] をクリック

使いこなしのヒント

アイコンの順序を逆にするには

アイコンの並び順は、逆の順序に入れ替えることもできます。数値の低い方にいい評価を示したいときは、アイコンの並びを逆にして表示するといいでしょう。

[条件付き書式ルールの管理] ダイア
ログボックスを表示しておく

1 [ルールの編集] を
クリック

2 [アイコンの順序を逆にする]
をクリック

アイコンの順序が逆になる

基本編 第5章 表を見やすく加工しよう

●表示を確認する

変更した条件に基づいたアイコンセットの条件付き書式が設定された

「値が500万以上は ✔ 」、「値が400万以上で、500万未満は ‖ 」、「値が400万未満は ✖」という条件を設定できた

使いこなしのヒント

カラースケールやデータバーを利用する

条件付き書式には、カラースケールやデータバーもあります。カラースケールは、数値の大きさによってセルを塗り分ける書式です。データバーは、数値の大きさに応じて色付のバーを表示する書式です。条件を変更すれば、色を塗り分ける基準や、データバーを表示する基準などを変更できます。

153ページの手順1のように、[ホーム] タブの [条件付き書式] をクリックして、[カラースケール] や [データバー] を設定できる

●カラースケール

合計 / 計	列ラベル		
	⊞2022年	⊞2023年	総計
行ラベル			
ONLINE SHOP	4,075,000	5,044,000	9,119,000
お取り寄せの家	2,841,000	3,160,000	6,001,000
スーパー中野	5,394,000	5,658,000	11,052,000
ふるさと土産	5,630,000	7,425,000	13,055,000
街のMARKET	3,192,000	4,752,000	7,944,000
向日葵スーパー	2,794,000	2,975,000	5,769,000
自然食品の佐藤	3,986,000	4,199,500	8,185,500
全国グルメストア	3,785,000	4,282,000	8,067,000
日本食ギフト	4,370,000	4,524,000	8,894,000
美味しいもの屋	5,768,000	6,250,500	12,018,500
総計	41,835,000	48,270,000	90,105,000

●データバー

合計 / 計	列ラベル		
	⊞2022年	⊞2023年	総計
行ラベル			
ONLINE SHOP	4,075,000	5,044,000	9,119,000
お取り寄せの家	2,841,000	3,160,000	6,001,000
スーパー中野	5,394,000	5,658,000	11,052,000
ふるさと土産	5,630,000	7,425,000	13,055,000
街のMARKET	3,192,000	4,752,000	7,944,000
向日葵スーパー	2,794,000	2,975,000	5,769,000
自然食品の佐藤	3,986,000	4,199,500	8,185,500
全国グルメストア	3,785,000	4,282,000	8,067,000
日本食ギフト	4,370,000	4,524,000	8,894,000
美味しいもの屋	5,768,000	6,250,500	12,018,500
総計	41,835,000	48,270,000	90,105,000

スキルアップ

ピボットテーブルの既定のレイアウトを指定する

Excel2019以降やMicrosoft 365のExcelを使用している場合は、ピボットテーブルの小計や総計の表示方法、レイアウトなどの設定など、ピボットテーブルの見た目に関する既定値を指定できます。以下の方法で既定値を指定すると、次にピボットテーブルを作成したときに既定値に指定されている設定でピボットテーブルが作成されます。

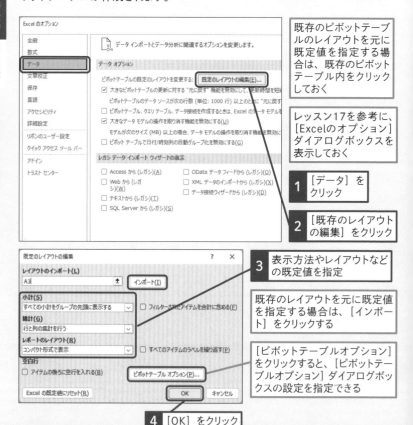

既存のピボットテーブルのレイアウトを元に既定値を指定する場合は、既存のピボットテーブル内をクリックしておく

レッスン17を参考に、[Excelのオプション]ダイアログボックスを表示しておく

1 [データ] をクリック

2 [既存のレイアウトの編集] をクリック

3 表示方法やレイアウトなどの既定値を指定

既存のレイアウトを元に既定値を指定する場合は、[インポート] をクリックする

[ピボットテーブルオプション]をクリックすると、[ピボットテーブルオプション] ダイアログボックスの設定を指定できる

4 [OK] をクリック

活用編

第6章

集計表をピボットグラフでグラフ化しよう

この章では「ピボットグラフ」を紹介します。数値を眺めているだけでは分からないことも、グラフにして初めて見えることがあります。ピボットグラフを使い、気になるデータを見つけたり、ほかの人にデータの内容を分かりやすく見せたりするときに便利なグラフ化のワザを学びます。

38 ピボットグラフの各部の名称を知ろう

グラフ要素　　　　　　　　　　　練習用ファイル　L38_グラフ要素.xlsx

グラフ各部の名称を知ってグラフ作りに備えよう

分かりやすくて見やすいグラフを作るには、グラフに表示する要素を指定したり、外観をきれいに整えたりしなければなりません。

グラフを編集するときは、グラフの各要素を選択してから操作します。このレッスンでは、グラフに表示される要素を紹介します。どんな要素があるのかを確認し、各要素の名称を覚えておきましょう。

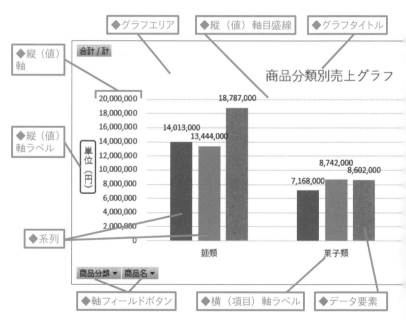

◆グラフエリア　◆縦（値）軸目盛線　◆グラフタイトル
◆縦（値）軸
◆縦（値）軸ラベル
◆系列
◆軸フィールドボタン　◆横（項目）軸ラベル　◆データ要素

合計 / 計
商品分類別売上グラフ

18,787,000
14,013,000　13,444,000
8,742,000
7,168,000　8,602,000

単位（円）

麺類　菓子類

商品分類 ▼　商品名 ▼

使いこなしのヒント

まずは名称を覚えよう

上の画面は、商品別の売り上げを地区別に棒グラフで表したものです。グラフの作り方や編集方法は、レッスン39から紹介します。

●ピボットグラフと普通のグラフの相違点

相違点	ピボットグラフ	通常のグラフ
作成できるグラフ	散布図や株価チャート、バブルチャート、ツリーマップなどは作成できない	散布図、株価チャート、バブルチャートを含むExcelで作成できるすべてのグラフが作成できる
表示項目の反映	ピボットグラフや元になるピボットテーブルのいずれかで、表示するデータ系列などの表示項目を追加すると、互いに変更が反映される	グラフ側でグラフに表示するデータ系列などを変更しても、元の表には反映されない

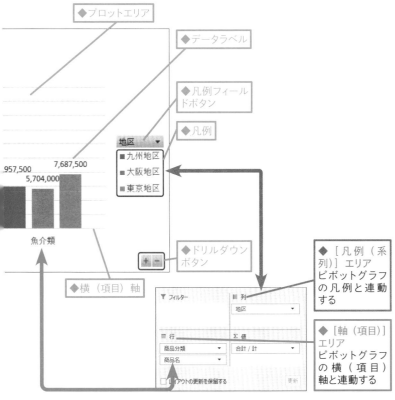

◆プロットエリア

◆データラベル

◆凡例フィールドボタン

◆凡例

地区 ▼
■九州地区
■大阪地区
■東京地区

957,500　　7,687,500

5,704,000

魚介類

◆横（項目）軸

◆ドリルダウンボタン

＋ －

▼ フィルター

■ 列
地区　　　▼

■ 行
商品分類　　　▼
商品名　　　▼

Σ 値
合計 / 計　　　▼

□ レイアウトの更新を保留する　　　更新

◆［凡例（系列）］エリア
ピボットグラフの凡例と連動する

◆［軸（項目）］エリア
ピボットグラフの横（項目）軸と連動する

ピボットグラフを作成しよう

動画で見る

ピボットグラフ　　　　　　　　　　　練習用ファイル　L39_ピボットグラフ.xlsx

グラフ化でデータの本当の姿が見えてくる

集計表のデータを視覚的に分かりやすく表現するには、グラフの利用が欠かせません。集計表を見ているだけでは気付かないことも、グラフにすることで見えてきます。ピボットテーブルで集計した結果をグラフにするには、ピボットグラフを使いましょう。

Before

	A	B	C	D	E	F
1						
2						
3	**行ラベル** ▼	**合計 / 計**				
4	ONLINE SHOP	9,119,000				
5	お取り寄せの家	6,001,000				
6	スーパー中野	11,052,000				
7	ふるさと土産	13,055,000				
8	街のMARKET	7,944,000				
9	向日葵スーパー	5,769,000				
10	自然食品の佐藤	8,185,500				
11	全国グルメストア	8,067,000				
12	日本食ギフト	8,894,000				
13	美味しいもの屋	12,018,500				
14	**総計**	**90,105,000**				
15						

顧客別の売上合計が集計されている

🔗 関連レッスン

レッスン38
ピボットグラフの各部の名称を知ろう
p.158

After

↓

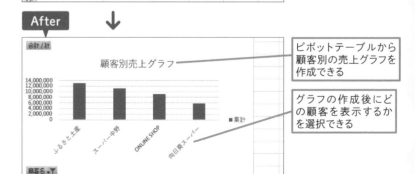

ピボットテーブルから顧客別の売上グラフを作成できる

グラフの作成後にどの顧客を表示するかを選択できる

1 グラフの種類を選択する

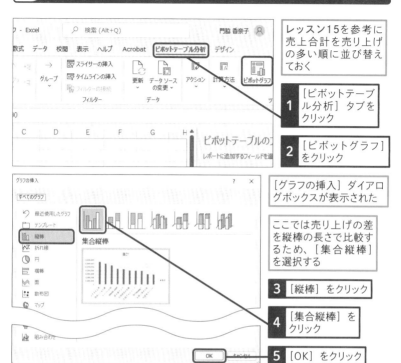

レッスン15を参考に売上合計を売り上げの多い順に並び替えておく

1 [ピボットテーブル分析] タブをクリック

2 [ピボットグラフ] をクリック

[グラフの挿入] ダイアログボックスが表示された

ここでは売り上げの差を縦棒の長さで比較するため、[集合縦棒] を選択する

3 [縦棒] をクリック

4 [集合縦棒] をクリック

5 [OK] をクリック

🔆 使いこなしのヒント

リストから直接ピボットグラフを作成するには

ピボットテーブルを作成していなくても、集計元のリスト内を選択し、[挿入] タブの [ピボットグラフ] ボタンをクリックしてもピボットグラフを作成できます。[ピボットグラフの作成] ダイアログボックスでピボットグラフの配置先が [新規ワークシート] になっていることを確認し、[OK] ボタンをクリックします。すると、新しいワークシートにピボットテーブルが作成され、その横に空のピボットグラフが表示されます。[軸(項目)エリア]に [顧客名] フィールド、[値] エリアに [計]フィールドを配置すると、連動してピボットグラフが表示されます。

⚠ ここに注意

グラフの種類を間違って選択してしまったときは、[デザイン] タブにある [グラフの種類の変更] ボタンをクリックし、グラフの種類を選択し直します。

次のページに続く ➡

2 ピボットグラフを移動する

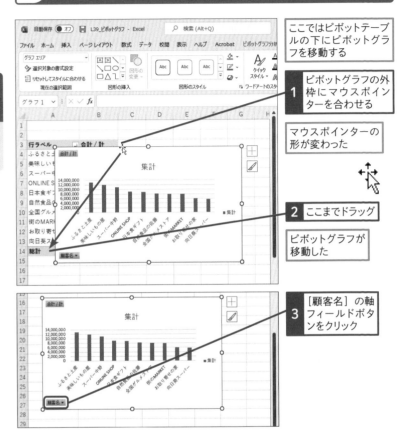

活用編

第6章

集計表をピボットグラフでグラフ化しよう

ここではピボットテーブルの下にピボットグラフを移動する

1 ピボットグラフの外枠にマウスポインターを合わせる

マウスポインターの形が変わった

2 ここまでドラッグ

ピボットグラフが移動した

3 [顧客名]の軸フィールドボタンをクリック

使いこなしのヒント

ピボットグラフ全体を選択するには

ピボットグラフ全体を選択するには、[グラフエリア]と表示される場所をクリックします。[グラフエリア]が選択しにくいときは、ピボットグラフの外枠をクリックしても構いません。なお、挿入直後のピボットグラフは自動的に[グラフエリア]が選択されています。

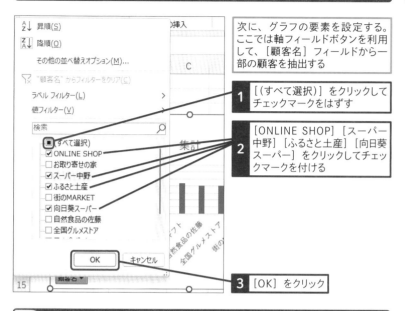

次に、グラフの要素を設定する。ここでは軸フィールドボタンを利用して、[顧客名] フィールドから一部の顧客を抽出する

1 [(すべて選択)] をクリックしてチェックマークをはずす

2 [ONLINE SHOP] [スーパー中野] [ふるさと土産] [向日葵スーパー] をクリックしてチェックマークを付ける

3 [OK] をクリック

4 グラフタイトルを変更する

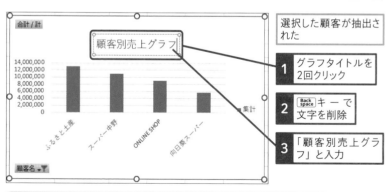

選択した顧客が抽出された

1 グラフタイトルを2回クリック

2 Back space キー で文字を削除

3 「顧客別売上グラフ」と入力

⚠ ここに注意

手順4でグラフタイトルを間違ってダブルクリックしてしまうと、[グラフタイトルの書式設定] 作業ウィンドウが表示さ れてしまいます。[閉じる]ボタンをクリックして、操作をやり直しましょう。

40 グラフに表示する項目を入れ替えるには

フィールドの入れ替え | 練習用ファイル | L40_入れ替え.xlsx

項目の入れ替えが自由自在

ピボットテーブルは、ドラッグ操作だけで視点を変えた集計表を瞬時に作れます。ピボットグラフも同様に、フィールドを入れ替えるだけで、異なる角度から集計したデータをすぐにグラフ化できます。

Before

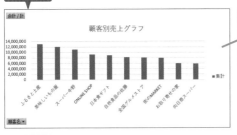

顧客別の売上合計は確認できるが、特定の商品が地区別でどれくらい売れているかが分からない

After

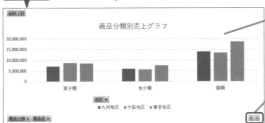

商品分類ごとに地区別の売上グラフが完成した

[フィールド全体の折りたたみ]をクリックして、商品ごとの売上グラフを表示することもできる

🔗 **関連レッスン**

1 商品別に集計する

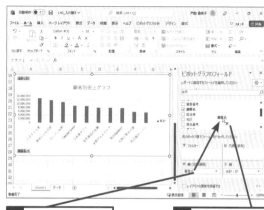

最初に、集計方法を
変更する

画面をスクロールして
ピボットグラフを表示
しておく

［軸（項目）］エリアの
［顧客名］フィールド
を削除する

1 グラフエリアを
クリック

2 ［顧客名］にマウ
スポインターを合
わせる

3 ここまでドラッグ

次のページに続く ➡

🔅 使いこなしのヒント

グラフを操作しながらデータの姿を明らかにしていける

左ページの［Before］の画面は、顧客別
売上グラフです。［After］の画面では、
商品分類別、地区別の売上グラフに変更
し、さらに商品分類に加えて商品名を表示
できるようにしました。このような変更
も、マウス操作だけであっという間に行
えます。

また、［軸（項目）］エリアに複数のフィー
ルドや日付のフィールドを配置するとド
リルダウンボタンが表示され、項目の詳
細を表示するかを簡単に指定できます。
グラフ自体を操作し、その形を変えなが
ら、データの姿を明らかにしていける点
が、ピボットグラフを利用するメリット
の1つです。

● [商品名] フィールドを配置する

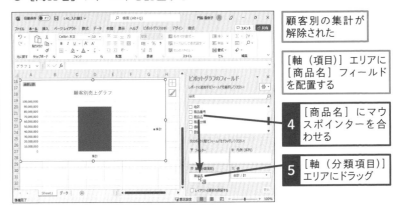

顧客別の集計が
解除された

[軸（項目）] エリアに
[商品名] フィールド
を配置する

4 [商品名] にマウ
スポインターを合
わせる

5 [軸（分類項目）]
エリアにドラッグ

☀ 使いこなしのヒント

グラフの要素を確実に選択するには

ピボットグラフのグラフタイトルやデータ系列など、グラフの要素を選択するには、マウスポインターを要素に合わせたときの表示に注意してクリックします。

うまく選択できない場合には、グラフを選択し、[書式] タブをクリックして、[グラフ要素] の一覧から選択したい要素をクリックしましょう。

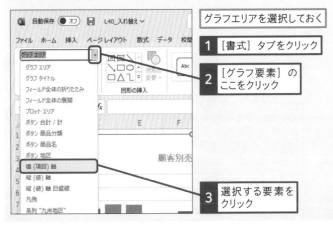

グラフエリアを選択しておく

1 [書式] タブをクリック

2 [グラフ要素] の
ここをクリック

3 選択する要素を
クリック

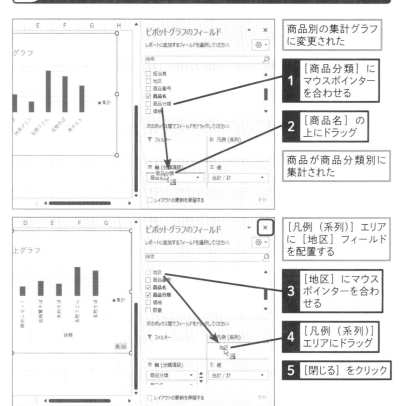

商品別の集計グラフに変更された

1 [商品分類] にマウスポインターを合わせる

2 [商品名] の上にドラッグ

商品が商品分類別に集計された

[凡例(系列)]エリアに[地区]フィールドを配置する

3 [地区] にマウスポインターを合わせる

4 [凡例(系列)]エリアにドラッグ

5 [閉じる] をクリック

次のページに続く ➡

🔅 使いこなしのヒント

グラフの内容を変えるとピボットテーブルも変わる

ピボットグラフで内容を変更すると、ピボットテーブルのレイアウトも変わります。逆に、ピボットテーブルのレイアウトを変更すると、ピボットグラフの内容も変わります。

●地区別の集計グラフに変更できた

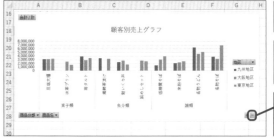

地区別の集計グラフに変更された

ここでは商品分類別だけの集計グラフに変更する

6 [フィールド全体の折りたたみ] をクリック

3 凡例を表示する

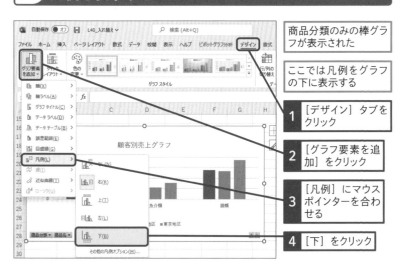

商品分類のみの棒グラフが表示された

ここでは凡例をグラフの下に表示する

1 [デザイン] タブをクリック

2 [グラフ要素を追加] をクリック

3 [凡例] にマウスポインターを合わせる

4 [下] をクリック

⚠ ここに注意

手順3の操作4での表示位置を間違って指定してしまったときは、もう一度手順3の 操作を最初から行います。

💡 使いこなしのヒント

凡例を削除するには

凡例を削除するには、凡例を選択し、 Delete キーを押します。または、手順3 の操作4で [なし] をクリックします。

●凡例が表示された

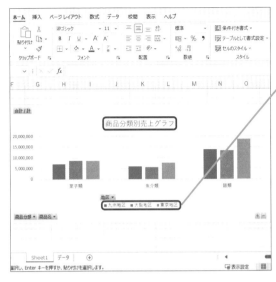

九州地区、大阪地区、東京地区の系列を表す凡例が表示された

グラフタイトルを「商品分類別売上グラフ」に変更しておく

40

フィールドの入れ替え

☀ 使いこなしのヒント

ドリルダウンボタンの活用

「軸（項目）」エリアに複数のフィールドや日付データのフィールドを配置すると、表示レベルを変更できるドリルダウンボタンが表示され、詳細データの表示と非表示を切り替えられます。

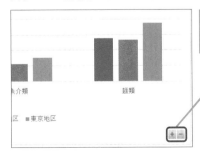

◆ドリルダウンボタン
クリックすると、詳細データの表示と非表示を切り替えられる

できる **169**

円グラフでデータの割合を見るには

円グラフ

練習用ファイル L41_円グラフ.xlsx

円グラフに「項目名」や「%」を表示しよう

円グラフは、数値の割合を表すのに適したグラフです。ピボットグラフでも簡単に円グラフを描けますが、読み取りやすいグラフにするためには、少々手を加える必要があります。特に項目数が多い場合などは、円の周りに項目名や割合などを表示したり、データの分類に合わせて扇の色を塗り分けたりして、伝えたい内容を分かりやすくしましょう。

Before

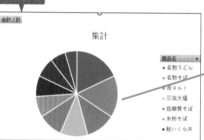

商品別の売上合計から円グラフを作成する

商品別の構成比は分かるが、各商品がどれくらいの割合を占めているかが分からない

After

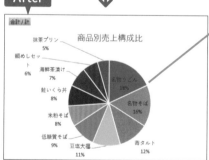

商品名と割合を表示できる

関連レッスン

1 円グラフを作成する

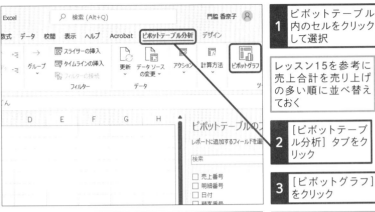

1 ピボットテーブル内のセルをクリックして選択

レッスン15を参考に売上合計を売り上げの多い順に並べ替えておく

2 [ピボットテーブル分析] タブをクリック

3 [ピボットグラフ] をクリック

[グラフの挿入] ダイアログボックスが表示された

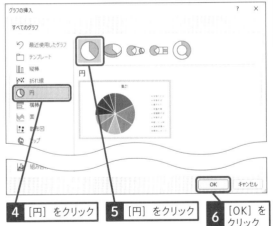

4 [円] をクリック

5 [円] をクリック

6 [OK] をクリック

円グラフが挿入された

使いこなしのヒント

ひと手間加えるとぐんと見やすくなる

左ページの [Before] の画面は、商品別の売上構成比を円グラフにしたものですが、商品数が多いために、どの商品がどれくらいの割合なのか、分かりづらくなっています。そこで [After] の画面のように凡例を削除し、扇の周りに商品名や割合を表示してみましょう。これだけで商品の構成比がひと目で分かる円グラフに変身します。見やすい円グラフを作成し、さまざまな資料に活用してください。

次のページに続く→

2 グラフの位置を変更する

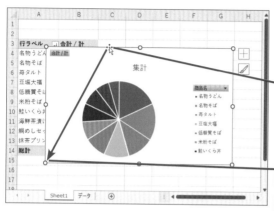

ここではピボットテーブルの下にピボットグラフを移動する

1 ピボットグラフの外枠にマウスポインターを合わせる

マウスポインターの形が変わった

2 ここまでドラッグ

ピボットグラフが移動した

※ 使いこなしのヒント

レイアウトを選択してデータラベルを追加するには

グラフに表示する内容は、[デザイン] タブにある [クイックレイアウト] ボタンの一覧から選択できます。例えば、グラフタイトルとデータラベルなどの要素を表示できます。また、各要素の表示位置は、[デザイン] タブの [グラフ要素を追加] ボタンから指定できます。

グラフエリアを選択しておく

1 [デザイン] タブをクリック

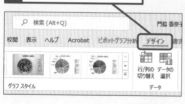

2 [クイックレイアウト] をクリック

3 [レイアウト1] をクリック

3 凡例を削除する

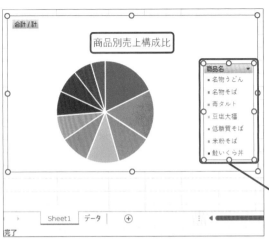

画面をスクロールして
ピボットグラフを表示
しておく

ここではグラフタイトル
を変更し、凡例を削除
する

1 レッスン39を参考にグラフタイトルを「商品別売上構成比」に変更

2 凡例をクリックして選択

3 Delete キーを押す

4 データラベルを作成する

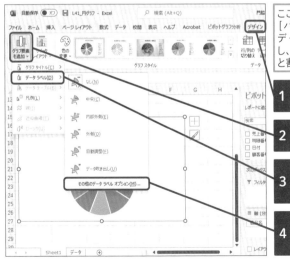

ここでは[分類名]と
[パーセンテージ]の
データラベルを設定
し、円の項目に商品名
と割合を表示する

1 [デザイン] タブをクリック

2 [グラフ要素を追加] をクリック

3 [データラベル] にマウスポインターを合わせる

4 [その他のデータラベルオプション] をクリック

次のページに続く➡

5 データラベルの書式を設定する

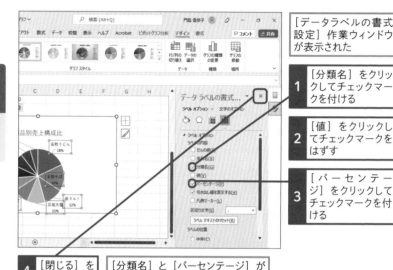

[データラベルの書式設定] 作業ウィンドウが表示された

1 [分類名] をクリックしてチェックマークを付ける

2 [値] をクリックしてチェックマークをはずす

3 [パーセンテージ] をクリックしてチェックマークを付ける

4 [閉じる] をクリック

[分類名] と [パーセンテージ] がデータラベルに表示された

データラベルにハンドルが表示されていることを確認する

活用編 第6章 集計表をピボットグラフでグラフ化しよう

⚙ 使いこなしのヒント

設定項目が見つからない場合

手順5で [データラベルの書式設定] 作業ウィンドウで、設定項目が表示されない場合は、作業ウィンドウの上部の [ラベルオプション] の項目をクリックし、その下のグラフのマークの [ラベルオプション] のアイコンをクリックします。

⚠ ここに注意

手順6でデータラベルを移動するときに、間違ってグラフを移動してしまった場合は、[元に戻す] ボタン (り) をクリックして操作し直します。

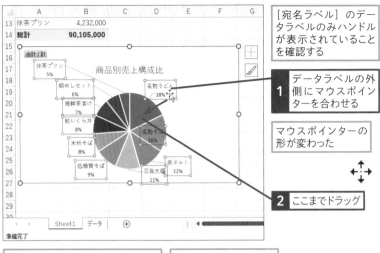

[宛名ラベル] のデータラベルのみハンドルが表示されていることを確認する

1 データラベルの外側にマウスポインターを合わせる

マウスポインターの形が変わった

2 ここまでドラッグ

操作1～2を参考にほかのデータラベルの位置を調整しておく

データラベルの位置が調整された

データラベルの移動先によっては、ほかのデータラベルの位置も自動で変わる

使いこなしのヒント

ほかのデータラベルの位置が変わったときは

手順6でデータラベルを移動するとき、ほかのデータラベルに重なると、ほかのデータラベルが自動的に移動します。ラベルの文字が見やすいように、それぞれの位置を整えましょう。

⚠ ここに注意

手順6でデータラベルをうまくドラッグできないときは、データラベルの外枠にマウスポインターを合わせて、マウスポインターの形を確認してからドラッグします。

折れ線グラフ　　　　　　　　　　練習用ファイル　L42_折れ線グラフ.xlsx

折れ線グラフでデータの推移を表示しよう

折れ線グラフは、日付データを使用して、データの増減の推移を表すのに適したグラフです。ここでは、ピボットテーブルを元にピボットグラフを作成します。日付を示すフィールドと、データの大きさを示すフィールドを追加します。データの値の位置を明確にするには、マーカー付きの折れ線グラフを作成します。

Before

月別地区別の売上合計から
折れ線グラフを作成する

	A	B	C	D	E
2					
3	合計 / 計	列ラベル			
4	行ラベル	九州地区	大阪地区	東京地区	総計
5	2023年	14,454,500	14,934,000	18,881,500	48,270,000
6	1月	1,082,000	1,112,000	1,462,500	3,656,500
7	2月	1,150,000	1,112,000	1,336,500	3,598,500
8	3月	1,082,000	1,180,000	1,339,500	3,601,500
9	4月	1,147,000	1,210,000	1,394,500	3,751,500
10	5月	1,082,000	1,180,000	1,570,500	3,832,500
11	6月	1,197,000	1,320,000	1,614,500	4,131,500
12	7月	1,201,000	1,330,000	1,758,500	4,289,500
13	8月	1,395,500	1,232,000	1,876,500	4,504,000
14	9月	1,270,000	1,180,000	1,554,000	4,004,000
15	10月	1,272,000	1,180,000	1,560,000	4,012,000
16	11月	1,082,000	1,216,000	1,616,000	3,914,000
17	12月	1,494,000	1,682,000	1,798,500	4,974,500
18	総計	14,454,500	14,934,000	18,881,500	48,270,000

月別の売上の推移を分かりやすく
表示したい

After

地区別に月ごとの売上の推移が
表示される

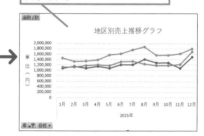

💡 使いこなしのヒント

行エリアに日付データを配置する

上の [Before] の画面は、ピボットテーブルで、2023年の地区別の売上金額を集計したものです。ここでは、行エリアに日付フィールド、列エリアに折れ線で表示するフィールドを配置しておきます。[After] の画面は、折れ線グラフのピボットグラフを作成したものです。また、軸ラベルを追加して、「単位（円）」の文字を追加しています。集計表をグラフにすることでデータの推移が読み取りやすくなります。

1 折れ線グラフを作成する

1	ピットテーブル内のセルをクリックして選択
2	[ピボットテーブル分析] タブをクリック
3	[ピボットグラフ] をクリック

💡 使いこなしのヒント

グラフの種類

ピボットグラフで作成できるグラフには、次のようなものがあります。グラフを作成するときは、データを分かりやすく、効果的に伝えられるグラフの種類を選ぶことが大事です。グラフの特徴を知っておきましょう。

種類	グラフ
数量の比較	棒グラフ
	円グラフ
割合	積み上げグラフ
	100%積み上げグラフ
推移	棒グラフ
	折れ線グラフ
	面グラフ
	積み上げ面グラフ
	100%積み上げ面グラフ

💡 使いこなしのヒント

必要なフィールドのみ追加する

ピボットテーブルを元にピボットグラフを作成するときは、ピボットグラフで表示するフィールドとデータのみ表示しておきましょう。折れ線グラフの場合、行エリアに日付フィールド、列エリアに折れ線で表示するフィールドを配置します。また、ここでは、2023年のデータのみ表示するため、日付のフィールドで、2023年のデータのみを表示しています。日付フィールドが列エリアに配置されていた場合は、ピボットグラフの折れ線グラフを作成後、ピボットグラフを選択して [デザイン] タブの [行/列の切り替え] ボタンをクリックします。すると、項目を入れ替えられます。

次のページに続く→

●グラフの種類を選択して挿入する

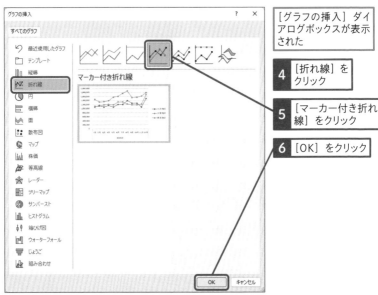

[グラフの挿入] ダイアログボックスが表示された

4 [折れ線] をクリック

5 [マーカー付き折れ線] をクリック

6 [OK] をクリック

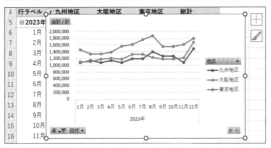

折れ線グラフが挿入された

⚠ ここに注意

グラフの種類を間違って選択してしまったときは、[デザイン] タブにある [グラフの種類の変更] ボタンをクリックし、グラフの種類を選択し直します。

●グラフタイトルを追加する

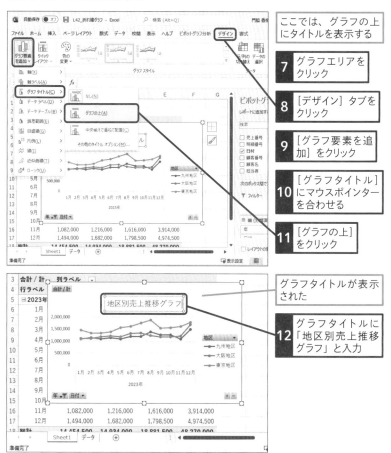

ここでは、グラフの上にタイトルを表示する

7 グラフエリアをクリック

8 [デザイン] タブをクリック

9 [グラフ要素を追加] をクリック

10 [グラフタイトル] にマウスポインターを合わせる

11 [グラフの上] をクリック

グラフタイトルが表示された

12 グラフタイトルに「地区別売上推移グラフ」と入力

地区別売上推移グラフ

			合計 / 計			
3	合計 / 計	列ラベル				
4	行ラベル					
5	⊟2023年					
6	1月					
7	2月					
8	3月					
9	4月					
10	5月					
11	6月					
12	7月					
13	8月					
14	9月					
15	10月					
16	11月	1,082,000	1,216,000	1,616,000	3,914,000	
17	12月	1,494,000	1,682,000	1,798,500	4,974,500	

次のページに続く ➡

☀️ 使いこなしのヒント

ピボットグラフを削除するには

ピボットグラフを削除するには、グラフエリアを選択し、Deleteキーを押します。

なお、ピボットグラフを削除しても、元のピボットテーブルは残ります。

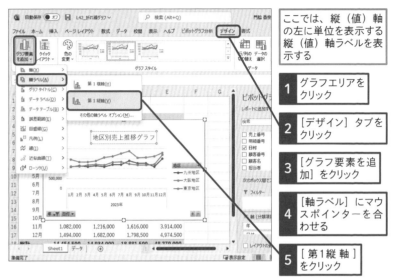

ここでは、縦（値）軸の左に単位を表示する縦（値）軸ラベルを表示する

1 グラフエリアをクリック

2 [デザイン] タブをクリック

3 [グラフ要素を追加] をクリック

4 [軸ラベル] にマウスポインターを合わせる

5 [第1縦軸] をクリック

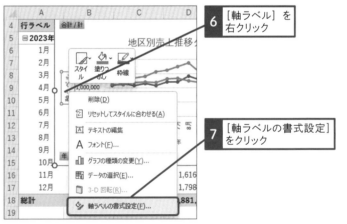

6 [軸ラベル] を右クリック

7 [軸ラベルの書式設定] をクリック

●軸ラベルを縦書きにする

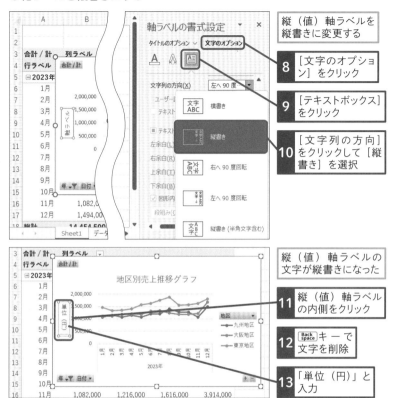

		縦（値）軸ラベルを縦書きに変更する
8	[文字のオプション] をクリック	
9	[テキストボックス] をクリック	
10	[文字列の方向] をクリックして [縦書き] を選択	
		縦（値）軸ラベルの文字が縦書きになった
11	縦（値）軸ラベルの内側をクリック	
12	Back space キーで文字を削除	
13	「単位（円）」と入力	

💡 使いこなしのヒント

グラフを画像として貼り付けるには

ピボットグラフを画像としてコピーするには、ピボットグラフを選択し、[ホーム] タブの [コピー] ボタンをクリックした後、[貼り付けのオプション] から [形式を選択して貼り付け] を選び、画像として貼り付けます。このグラフは再編集ができないほか、ピボットテーブルのデータを変更しても、結果が反映されません。

⚠ ここに注意

軸ラベルの配置を間違えてしまったときは、もう一度 [デザイン] タブの [グラフ要素を追加] ボタンをクリックし、[軸ラベル] から配置を選択します。

スキルアップ

［グラフ要素］からグラフの要素を追加したり、削除したりするには

グラフを選択すると表示される［グラフ要素］ボタン（⊞）をクリックしてもグラフに表示する要素を選択できます。

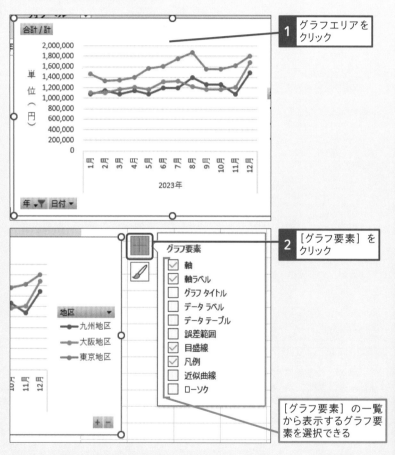

1 グラフエリアをクリック

2 ［グラフ要素］をクリック

［グラフ要素］の一覧から表示するグラフ要素を選択できる

活用編

第7章

スライサーで集計
対象を切り替えよう

ピボットテーブルの集計対象をワンクリックで絞り込むに
は、「スライサー」や「タイムライン」を利用する方法が
あります。これらの機能を利用すれば、ピボットテーブ
ルの操作に慣れていない人でも簡単に集計対象を選択
できて便利です。

43 スライサーで特定の地区の集計結果を表示するには

動画で見る

| スライサー | 練習用ファイル | L43_スライサー .xlsx |

活用編 第7章 スライサーで集計対象を切り替えよう

スライサーを使うとデータの抽出が簡単!

これまでのレッスンで紹介したように、ピボットテーブルでは、フィルターボタンをクリックして、ドロップダウンリストで項目を選ぶことで集計表に表示する項目を絞り込めます。さらに、「スライサー」という機能を使用すると、集計対象をワンクリックで絞り込めます。

Before

地区ごとの売り上げをクリック操作で簡単に表示したい

After

集計元リストの[地区]や[顧客名]などのフィールド名をスライサーに表示できる

◆ヘッダー ◆フィルター処理ボタン ◆複数選択 ◆フィルターのクリア

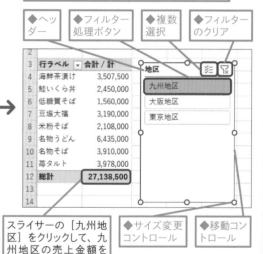

スライサーの[九州地区]をクリックして、九州地区の売上金額をすぐに表示できる

◆サイズ変更コントロール ◆移動コントロール

---

1 スライサーを挿入する

[スライサーの挿入] ダイアログボックスを表示してスライサーに表示するフィールドを選択する

1 ピボットテーブル内のセルをクリックして選択

2 [挿入] タブをクリック

3 [フィルター] をクリック

4 [スライサー] をクリック

使いこなしのヒント

集計結果をひと目で把握できる

左ページの [Before] の画面は、商品別の売り上げを集計したものですが、[After] の画面では、地区ごとの売り上げが見られるように、[地区] フィールドに対応するスライサーを表示しています。

スライサーを利用すると、集計対象を簡単に絞り込めるだけでなく、どの地区の集計結果なのか、フィルターの基準がひと目で把握できて便利です。

使いこなしのヒント

[ピボットテーブル分析] タブから追加する

スライサーを追加するには、手順1の操作1の後で [ピボットテーブル分析] タブをクリックして [スライサーの挿入] をクリックする方法もあります。そうすると、操作5の画面が表示されます。

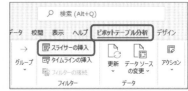

次のページに続く →

● 地区を選択する

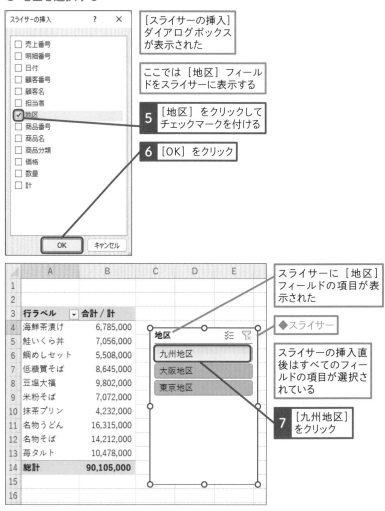

[スライサーの挿入]ダイアログボックスが表示された

ここでは[地区]フィールドをスライサーに表示する

5 [地区]をクリックしてチェックマークを付ける

6 [OK]をクリック

スライサーに[地区]フィールドの項目が表示された

◆スライサー

スライサーの挿入直後はすべてのフィールドの項目が選択されている

7 [九州地区]をクリック

手順2で[複数選択]をクリックしなかったときは、東京地区のみの売上金額が表示されます。その場合は手順1の操作7から操作をやり直します。

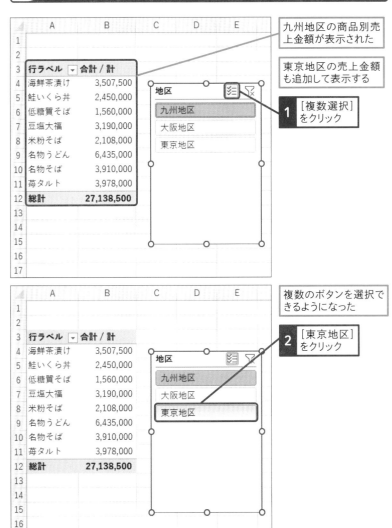

九州地区の商品別売上金額が表示された

東京地区の売上金額も追加して表示する

1 [複数選択]をクリック

複数のボタンを選択できるようになった

2 [東京地区]をクリック

次のページに続く ➡

●地区の抽出を解除する

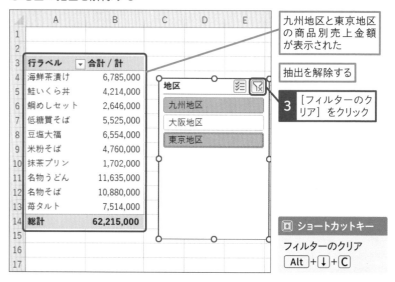

九州地区と東京地区の商品別売上金額が表示された

抽出を解除する

3 [フィルターのクリア] をクリック

	A	B	C	D	E
1					
2					
3	行ラベル ▽	合計 / 計			
4	海鮮茶漬け	6,785,000			
5	鮭いくら丼	4,214,000			
6	鯛めしセット	2,646,000			
7	低糖質そば	5,525,000			
8	豆塩大福	6,554,000			
9	米粉そば	4,760,000			
10	抹茶プリン	1,702,000			
11	名物うどん	11,635,000			
12	名物そば	10,880,000			
13	苺タルト	7,514,000			
14	総計	62,215,000			
15					
16					
17					

地区

九州地区
大阪地区
東京地区

🎛 ショートカットキー

フィルターのクリア
Alt + ↓ + C

💡 使いこなしのヒント

キー操作と併用して複数項目を選択できる

[複数選択] を使わずに複数のボタンを選択するときは、ひとつ目のボタンをクリックした後、Ctrl キーを押しながら2つ目以降のボタンをクリックします。また、隣接するボタンをまとめて選択するには、選択する端のボタンをクリックした後、Shift キーを押しながらもう一方の端のボタンをクリックします。

1 Ctrl キーを押しながら2つ目のボタンをクリックする

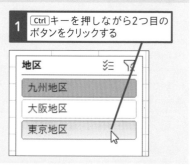

地区

九州地区
大阪地区
東京地区

💡 使いこなしのヒント

特定のボタンの選択を解除するには

手順2の操作3のようにスライサーで複数のボタンを選択しているとき、特定のボタンの選択を解除するには、解除するボタンを Ctrl キーを押しながらクリックします。

●地区の抽出が解除された

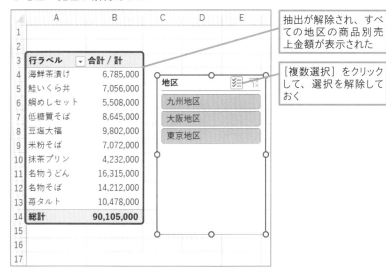

抽出が解除され、すべての地区の商品別売上金額が表示された

[複数選択] をクリックして、選択を解除しておく

	A	B
1		
2		
3	行ラベル	合計 / 計
4	海鮮茶漬け	6,785,000
5	鮭いくら丼	7,056,000
6	鯛めしセット	5,508,000
7	低糖質そば	8,645,000
8	豆塩大福	9,802,000
9	米粉そば	7,072,000
10	抹茶プリン	4,232,000
11	名物うどん	16,315,000
12	名物そば	14,212,000
13	苺タルト	10,478,000
14	総計	90,105,000

※ 使いこなしのヒント

スライサーを移動するには

スライサーを移動するには、スライサーの外枠の移動コントロールをドラッグしましょう。図形やグラフと同様に、シートの上に配置できます。

※ 使いこなしのヒント

スライサーを削除するには

スライサーを削除するには、スライサーをクリックして選択した後、Delete キーを押します。

1 スライサーをクリックして選択

2 Delete キーを押す

スライサーが削除される

スライサーのサイズ変更 | **練習用ファイル** L44_サイズ変更.xlsx

項目名をすべて表示すれば抽出が楽!

スライサーに表示されるボタンの数が多いと、目的のボタンをクリックするのにスクロールバーをいちいち上下にスクロールしなければならず、とても面倒です。そんなときは、ボタンを複数の列に分けて表示するといいでしょう。

活用編 第7章 スライサーで集計対象を切り替えよう

Before

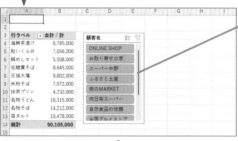

スライサーの項目数が多いと、下にある項目を選ぶのにスクロールするのが面倒

After

スライサーの幅を広げれば、項目を選択しやすくなる

1 スライサーの列数を変更する

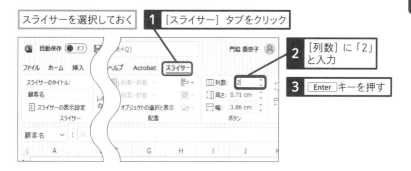

スライサーを選択しておく

1 [スライサー] タブをクリック

2 [列数] に「2」と入力

3 Enter キーを押す

2 スライサーの全体を大きくする

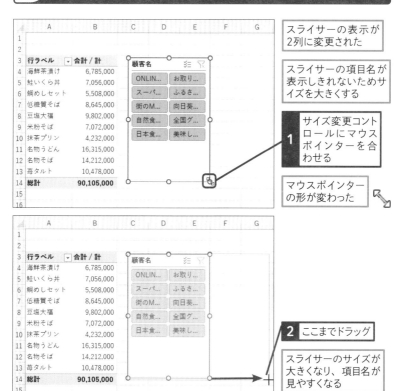

	A	B
1		
2		
3	**行ラベル** ▾	**合計 / 計**
4	海鮮茶漬け	6,785,000
5	鮭いくら丼	7,056,000
6	鯛めしセット	5,508,000
7	低糖質そば	8,645,000
8	豆塩大福	9,802,000
9	米粉そば	7,072,000
10	抹茶プリン	4,232,000
11	名物うどん	16,315,000
12	名物そば	14,212,000
13	苺タルト	10,478,000
14	**総計**	**90,105,000**
15		
16		

顧客名

ONLIN... / お取り...
スーパ... / ふるさ...
街のM... / 向日葵...
自然食... / 全国グ...
日本食... / 美味し...

スライサーの表示が2列に変更された

スライサーの項目名が表示しきれないためサイズを大きくする

1 サイズ変更コントロールにマウスポインターを合わせる

マウスポインターの形が変わった

	A	B
1		
2		
3	**行ラベル** ▾	**合計 / 計**
4	海鮮茶漬け	6,785,000
5	鮭いくら丼	7,056,000
6	鯛めしセット	5,508,000
7	低糖質そば	8,645,000
8	豆塩大福	9,802,000
9	米粉そば	7,072,000
10	抹茶プリン	4,232,000
11	名物うどん	16,315,000
12	名物そば	14,212,000
13	苺タルト	10,478,000
14	**総計**	**90,105,000**
15		

顧客名

ONLIN... / お取り...
スーパ... / ふるさ...
街のM... / 向日葵...
自然食... / 全国グ...
日本食... / 美味し...

2 ここまでドラッグ

スライサーのサイズが大きくなり、項目名が見やすくなる

45 特定の地区から顧客別に 売上金額を表示するには

複数のスライサー　　　　　　　　　　練習用ファイル　L45_複数表示.xlsx

いろいろなパターンで抽出できる!

集計表から売り上げの数字を検討するときは、日付や販売場所、営業の担当者などさまざまな要因から数字を分析します。複数のスライサーを表示すれば、データの抽出条件を画面ですぐに確認できるので、グループで数字をシミュレーションしたり、プレゼンテーション時に売り上げの分析結果を発表したりするのに便利です。

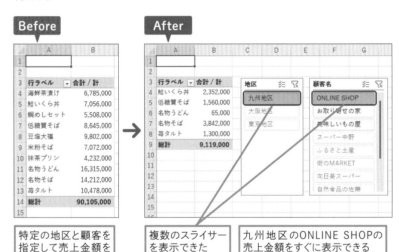

特定の地区と顧客を指定して売上金額を表示したい

複数のスライサーを表示できた

九州地区のONLINE SHOPの売上金額をすぐに表示できる

1 スライサーを左右に配置する

レッスン43を参考にして[スライサーの挿入]ダイアログボックスを表示しておく

ここでは[顧客名]と[地区]フィールドを選択する

| 1 | [顧客名]と[地区]をクリックしてチェックマークを付ける |
| 2 | [OK]をクリック |

使いこなしのヒント

フィルターを解除するには

スライサーを使用してデータを絞り込んだ後、フィルターを解除するには、[フィルターのクリア]ボタン（🔽）をクリックします。

使いこなしのヒント

リスト範囲から削除された項目を非表示にするには

ピボットテーブルの元データが変わっても、スライサーに表示される一覧の項目は変わりません。リスト範囲から削除されてしまっている項目をスライサーの一覧から削除するには、197ページの手順を参考に[スライサーの設定]ダイアログボックスを表示して、次のように操作します。なお、ピボットテーブルの更新や、リスト範囲の変更については、レッスン07とレッスン08を参照してください。

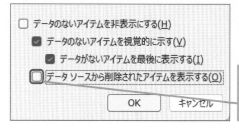

[データソースから削除されたアイテムを表示する]をクリックしてチェックマークをはずす

次のページに続く →

●スライサーのサイズを変更する

```
顧客名と地区のスライサーが    ┌─ 3 ┐ ドラッグしてスライ
表示された                         サーを左右に配置
```

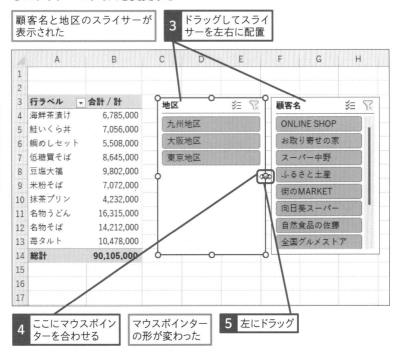

	A	B
3	行ラベル　▼	合計 / 計
4	海鮮茶漬け	6,785,000
5	鮭いくら丼	7,056,000
6	鯛めしセット	5,508,000
7	低糖質そば	8,645,000
8	豆塩大福	9,802,000
9	米粉そば	7,072,000
10	抹茶プリン	4,232,000
11	名物うどん	16,315,000
12	名物そば	14,212,000
13	苺タルト	10,478,000
14	総計	90,105,000

地区: 九州地区、大阪地区、東京地区

顧客名: ONLINE SHOP、お取り寄せの家、スーパー中野、ふるさと土産、街のMARKET、向日葵スーパー、自然食品の佐藤、全国グルメストア

```
4 ここにマウスポイン    マウスポインター    5 左にドラッグ
  ターを合わせる        の形が変わった
```

💡 使いこなしのヒント

スライサーをセルに沿って配置するには

セルの枠線に沿ってスライサーを配置するには、Altキーを押しながらスライサー外枠の移動コントロールやハンドルをドラッグします。なお、スライサーの大きさや位置を変更する方法については、レッスン44を参照してください。

💡 使いこなしのヒント

データがない項目は薄い色で表示される

色が薄くなっているボタンは、該当するデータがないために集計結果が表示されないことを示しています。

色が薄くなっている項目は該当するデータがない

2 地区と顧客名を選択する

スライサーの大きさを調整できた

九州地区の商品別売上金額が表示された	さらに顧客名のスライサーから[ONLINE SHOP]を選択する

1 [九州地区]をクリック　　　　**2** [ONLINE SHOP]をクリック

	A	B
3	行ラベル ▼	合計 / 計
4	海鮮茶漬け	3,507,500
5	鮭いくら丼	2,450,000
6	低糖質そば	1,560,000
7	豆塩大福	3,190,000
8	米粉そば	2,108,000
9	名物うどん	6,435,000
10	名物そば	3,910,000
11	苺タルト	3,978,000
12	総計	27,138,500

地区
- 九州地区
- 大阪地区
- 東京地区

顧客名
- ONLINE SHOP
- お取り寄せの家
- 美味しいもの屋
- スーパー中野
- ふるさと土産
- 街のMARKET
- 向日葵スーパー
- 自然食品の佐藤

九州地区のONLINE SHOPの商品別売上金額が表示された

	A	B
3	行ラベル ▼	合計 / 計
4	鮭いくら丼	2,352,000
5	低糖質そば	1,560,000
6	名物うどん	65,000
7	名物そば	3,842,000
8	苺タルト	1,300,000
9	総計	9,119,000

地区
- 九州地区
- 大阪地区
- 東京地区

顧客名
- ONLINE SHOP
- お取り寄せの家
- 美味しいもの屋
- スーパー中野
- ふるさと土産
- 街のMARKET
- 向日葵スーパー
- 自然食品の佐藤

スライサーの名前やボタンの並び順を変更するには

スライサーの表示設定　　　　　　　練習用ファイル　L46_表示設定.xlsx

使いやすくカスタマイズしよう

スライサーを追加すると、フィールドの名前がスライサーのタイトルに表示され、その下に、フィールドに含まれる項目のボタンが並びます。スライサーのタイトルに表示する文字やボタンの並び順は後から変更できます。

Before

> スライサーの内容が何を表しているかが分かりにくい

After

> ヘッダーの内容を変えることで抽出項目やスライサーの内容が分かりやすくなる

> 表示項目の順序も変更できる

1 タイトルと並び順を変更する

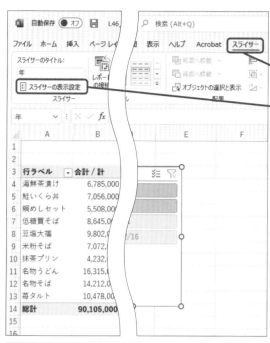

スライサーを選択
しておく

1 [スライサー] タブ
をクリック

2 [スライサーの表示
設定] をクリック

行ラベル	合計 / 計
海鮮茶漬け	6,785,000
鮭いくら丼	7,056,000
鯛めしセット	5,508,00
低糖質そば	8,645,0
豆塩大福	9,802,
米粉そば	7,072,
抹茶プリン	4,232,
名物うどん	16,315,
名物そば	14,212,0
苺タルト	10,478,00
総計	90,105,000

⚠ ここに注意

操作を終える前に間
違って [スライサーの
設定] ダイアログボッ
クスを閉じてしまった
ときは、操作1から操
作をやり直します。

[スライサーの設定]
ダイアログボックス
が表示された

ここではスライサーの
タイトルを「表示年
の選択」に変更する

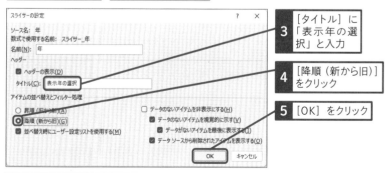

3 [タイトル] に
「表示年の選
択」と入力

4 [降順 (新から旧)]
をクリック

5 [OK] をクリック

スライサーのタイトルとボタンの
並び順が変わった

スライサーのデザインを変更するには

スライサースタイル　　　　　練習用ファイル　L47_スライサースタイル.xlsx

活用編　第7章　スライサーで集計対象を切り替えよう

スライサーのデザインを一覧から選択できる

スライサー全体のデザインは、[スライサースタイル]の一覧から選んで簡単に設定できます。設定を変更した後は、スライサーを操作して、選択中のアイテムと未選択のアイテムのボタンの違いを確認しましょう。

Before

スライサーを操作しやすくするために配色を変更したい

↓

After

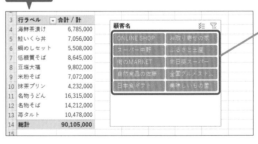

配色を変えてボタンの選択状態を区別しやすくできる

🔗 関連レッスン

1 スライサースタイルの一覧を表示する

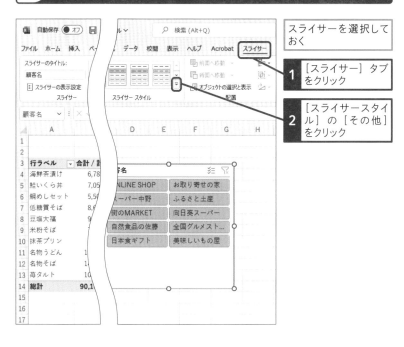

スライサーを選択しておく

1 [スライサー] タブをクリック

2 [スライサースタイル] の [その他] をクリック

2 スライサースタイルを選択する

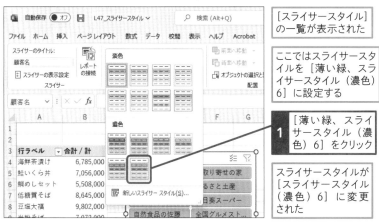

[スライサースタイル] の一覧が表示された

ここではスライサースタイルを [薄い緑、スライサースタイル（濃色）6] に設定する

1 [薄い緑、スライサースタイル（濃色）6] をクリック

スライサースタイルが [スライサースタイル（濃色）6] に変更された

複数のピボットテーブルで共有するには

レポートの接続　　　　　　　　　**練習用ファイル**　　L48_レポートの接続.xlsx

複数のピボットテーブルを操作する

スライサーは、1つのピボットテーブルだけでなく、複数のピボットテーブルに対応させることもできます。

なお、ピボットテーブルを元にピボットグラフを作成している場合は、スライサーを操作するだけで、ピボットグラフの内容も変わります。

Before

通常は、1つのスライサーで1つのピボットテーブルを操作する

↓

After

複数のピボットテーブルをまとめて操作できる

🔗 関連レッスン

1 ピボットテーブルを作成する

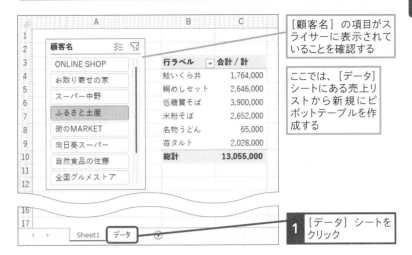

[顧客名]の項目がスライサーに表示されていることを確認する

ここでは、[データ]シートにある売上リストから新規にピボットテーブルを作成する

1 [データ]シートをクリック

🔆 使いこなしのヒント

1つのスライサーで2つのピボットテーブルを操作する

左ページの[Before]の画面は、商品別の売り上げを集計したピボットテーブルに、集計する顧客を絞り込むためのスライサーを追加したものです。[After]の画面では、年ごとの売り上げを集計した

ピボットテーブルを作成し、既存のスライサーとの接続を設定しました。これにより、左側のスライサーを操作するだけで、2つのピボットテーブルの集計対象を同時に指定できます。

🔆 使いこなしのヒント

ピボットテーブルの名前を確認するには

ピボットテーブルの名前を確認するには、ピボットテーブルを選択して、以下のように操作します。

1 [ピボットテーブル分析]タブをクリック

2 [ピボットテーブル]をクリック

ピボットテーブルの名前を確認できる

次のページに続く ➡

●ピボットテーブルを挿入する

ここではリストのセルA1 〜 M1051を元に
2つ目のピボットテーブルを作成する

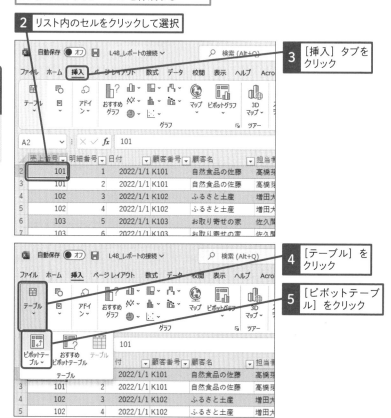

2 リスト内のセルをクリックして選択

3 [挿入]タブを
クリック

4 [テーブル]を
クリック

5 [ピボットテーブ
ル]をクリック

使いこなしのヒント

追加したピボットテーブルに何を設定するの?

ピボットテーブルを元にスライサーを作成すると、ピボットテーブルとスライサーとの間に自動的につながりが設定されます。しかし、後からピボットテーブルを追加した場合は、自動的につながりが設定されません。追加したピボットテーブルを、既存のスライサーで操作できるようにするには、ピボットテーブルにスライサーを接続する必要があります。この接続を[レポートの接続]という機能で実行します。

●シートを選択する

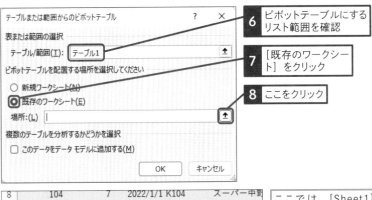

6 ピボットテーブルにする リスト範囲を確認

7 [既存のワークシート] をクリック

8 ここをクリック

ここでは、[Sheet1] シートにピボットテーブルを作成する

9 [Sheet1] シートをクリック

ピボットテーブルを配置するセルを選択する

10 セルE3をクリックして選択

11 ここをクリック

次のページに続く➡

●ピボットテーブルの作成場所を指定する

必要に応じて[テーブルまたは範囲からのピボットテーブル]
ダイアログボックスを移動しながら操作する

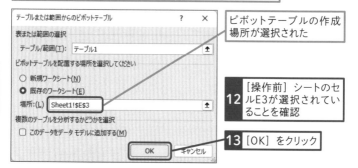

ピボットテーブルの作成
場所が選択された

[操作前]シートのセ
12 ルE3が選択されてい
ることを確認

13 [OK]をクリック

2 レポートの接続を設定する

2つ目のピボットテーブルが作成された

1 レッスン06を参考に[日付]を[行]エリア、
[計]を[値]エリアにドラッグ

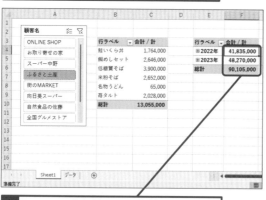

[ピボットテーブルの
フィールド]作業ウィン
ドウを閉じておく

2 レッスン35を参考にして、[計]フィールドの
表示形式を変更

[計]フィールドの表示形式は[数値]として、[桁区切り(,)
を使用する]にチェックマークを付ける

●スライサーとの接続を確認する

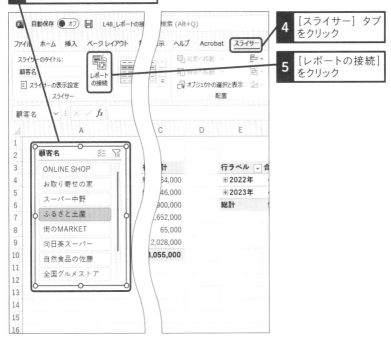

3 スライサーをクリックして選択

4 [スライサー] タブをクリック

5 [レポートの接続] をクリック

[レポート接続 (顧客名)] ダイアログボックスが表示された	ここではスライサーのヘッダーが [顧客名] のスライサーを選択しているので、ダイアログボックスに「顧客名」と表示される

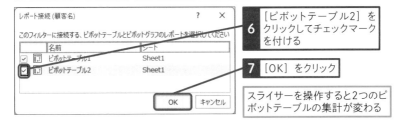

6 [ピボットテーブル2] をクリックしてチェックマークを付ける

7 [OK] をクリック

スライサーを操作すると2つのピボットテーブルの集計が変わる

⚠ ここに注意

手順2の操作6で、接続するピボットテーブルの選択を間違ってしまったときは、スライサーを選択し、もう一度操作し直します。

できる **205**

レッスン 49 タイムラインで特定の期間の集計結果を表示するには

タイムライン		練習用ファイル	L49_タイムライン.xlsx

活用編 第7章 スライサーで集計対象を切り替えよう

集計期間を視覚的に分かりやすくできる

ピボットテーブルやピボットグラフで集計する期間を簡単に指定するには、「タイムライン」という機能を使うと便利です。タイムラインを追加すると、日付がライン上に表示されます。ライン上のバーの長さをクリックやドラッグ操作で指定するだけで、集計期間を指定できます。

Before

期間を指定して商品別の売り上げを集計したい

→

After

◆タイムラインヘッダー ◆タイムラインの選択ラベル ◆タイムラインの時間レベル

◆移動コントロール ◆タイムラインスクロールバー ◆期間コントロール

[タイムライン] で特定期間の売上金額を調べられる

🔗 関連レッスン

1 タイムラインを表示する

タイムラインを表示して特定の期間の売上金額を表示する

1 ピボットテーブル内のセルをクリックして選択

2 [挿入] タブをクリック

3 [フィルター] をクリック

4 [タイムライン] をクリック

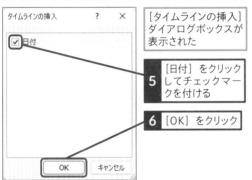

[タイムラインの挿入] ダイアログボックスが表示された

5 [日付] をクリックしてチェックマークを付ける

6 [OK] をクリック

[日付] のタイムラインが表示された

7 移動コントロールをドラッグしてスライサーをピボットテーブルの横に配置

次のページに続く➡

2　集計期間を設定する

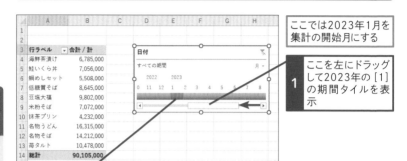

ここでは2023年1月を集計の開始月にする

1 ここを左にドラッグして2023年の [1] の期間タイルを表示

2 期間タイルをクリック

ここでは2023年3月を集計の終了月にする

3 期間ハンドルにマウスポインターを合わせる

マウスポインターの形が変わった

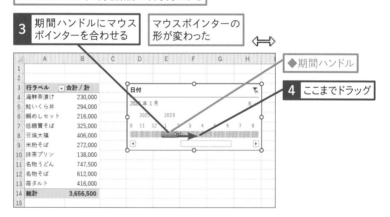

◆期間ハンドル

4 ここまでドラッグ

使いこなしのヒント

スライサーとタイムラインの違いとは

スライサーやタイムラインを使用すると、集計するデータを簡単に絞り込めます。タイムラインはスライサーとは異なり、集計するデータの日付を絞り込むことに特化しています。絞り込みの条件として、日付を指定する場合は、タイムラインを利用すると、期間などをより簡単に指定できて便利です。なお、タイムラインの扱い方は、スライサーと似ています。タイムラインの表示位置を移動したり、サイズを変更したり、ピボットテーブルとの接続を設定する方法については、スライサーについて解説しているレッスンを参照してください。

●集計期間がフィルターされた

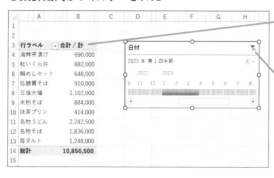

2023年1月から2023年3月までの売上金額が集計された

[フィルターのクリア]をクリックすると集計期間が解除される

使いこなしのヒント

集計期間はドラッグして選択することもできる

集計期間を指定するには、期間コントロールで期間タイルをクリックする方法のほか、期間タイルをドラッグする方法もあります。また、集計期間を調整するには、期間ハンドル（ ）をドラッグします。期間ハンドルをドラッグするときは、マウスポインターの形が ⟺ になっていることをよく確認してください。

期間タイルをクリックして集計の開始月を指定できる

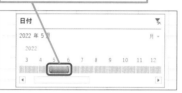

使いこなしのヒント

集計期間を切り替えられる

タイムラインのライン上に表示する日付の単位は、簡単に変更が可能です。以下の手順で操作してください。

1 [時間レベル]をクリック

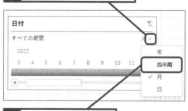

四半期ごとに期間タイルが表示される

2 [四半期]をクリック

スキルアップ

データがないアイテムの表示方法を指定する

スライサーに表示されるボタンの一覧には、クリックしても集計対象のデータがないために集計結果が表示されないものがあります。例えば、[商品分類]と[商品名]フィールドのスライサーを追加したとき、商品分類のスライサーで[麺類]を選択した後、商品名のスライサーで[抹茶プリン]を選択すると集計結果が表示されません。したがって、通常は、集計対象のデータがないボタンは、目立たないように色が薄くなり、最後にまとめて表示されるような仕組みになっています。データがないアイテムの表示方法は、[スライサーの設定]ダイアログボックスで指定できます。表示方法が変更されている場合などは、以下の操作を参考に表示方法を設定しましょう。

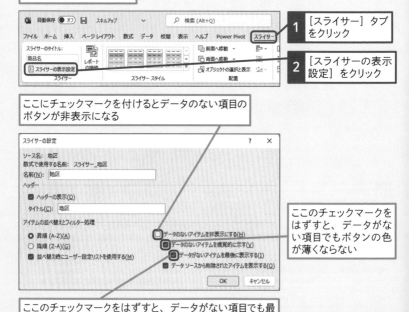

スライサーを選択しておく

1 [スライサー]タブをクリック

2 [スライサーの表示設定]をクリック

ここにチェックマークを付けるとデータのない項目のボタンが非表示になる

ここのチェックマークをはずすと、データがない項目でもボタンの色が薄くならない

ここのチェックマークをはずすと、データがない項目でも最後にまとめて表示されない

活用編

第8章

ひとつ上の
テクニックを試そう

この章では、関数を使ってピボットテーブルのデータを
他のセルに表示する方法や、ピボットテーブルを見やす
く印刷するワザなど、知っておくと便利な機能を紹介し
ます。操作を迷ったときの参考にしてください。

GETPIVOTDATA関数　　　　　　　練習用ファイル　L50_関数を挿入.xlsx

関数で集計結果を取り出す

ピボットテーブルの中で「『○○支店』の『商品A』の売り上げ」や「『○○支店』の『商品B』の売り上げ」を常にチェックしたいというときには、ピボットテーブルから値を取り出すGETPIVOTDATA関数を利用するといいでしょう。毎回目的の数値を探す手間を省けます。

活用編　第8章　ひとつ上のテクニックを試そう

Before

九州地区と大阪地区、東京地区の売上金額を表示したい

九州地区の「海鮮茶漬け」の2022年の売上金額と大阪地区の「豆塩大福」の2023年の売上金額を表示したい

After

関数を利用すれば、ピボットテーブルの集計結果を別のセルに表示できるので、すぐに売上金額を確認できる

使いこなしのヒント

値を取り出すGETPIVOTDATA関数

上の [Before] の画面は、地区ごとの商品と年別の売り上げをまとめたものです。[After] の画面は、関数を利用して指定した地区の売上金額や指定した年、商品の売上金額を取り出して見られるように

したものです。このレッスンでは、「九州地区の海鮮茶漬けの2022年」などの売上金額を求めますが、引数に指定したセルのデータを変更すれば、ほかの地区や商品の売上金額もすぐに確認できます。

1 関数を挿入する

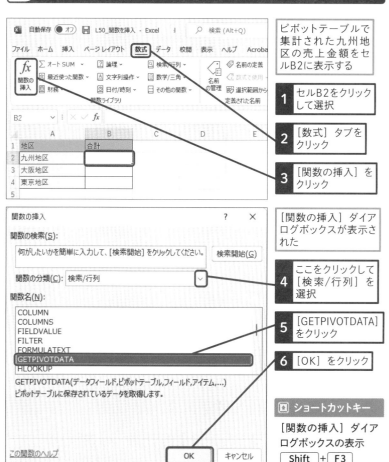

ピットテーブルで
集計された九州地
区の売上金額をセ
ルB2に表示する

1 セルB2をクリック
して選択

2 [数式] タブを
クリック

3 [関数の挿入] を
クリック

[関数の挿入] ダイア
ログボックスが表示さ
れた

4 ここをクリックして
[検索/行列] を
選択

5 [GETPIVOTDATA]
をクリック

6 [OK] をクリック

■ ショートカットキー

[関数の挿入] ダイア
ログボックスの表示
Shift + F3

次のページに続く ➡

できる 213

2 引数を入力する

[関数の引数] ダイアログボックスが表示された

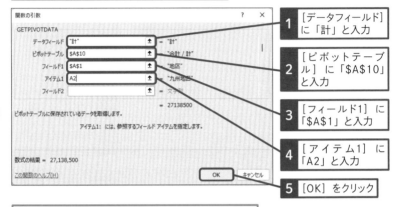

1 [データフィールド] に「計」と入力

2 [ピボットテーブル] に「$A$10」と入力

3 [フィールド1] に「$A$1」と入力

4 [アイテム1] に「A2」と入力

5 [OK] をクリック

セルB2に入力された数式をセルB3 ～ B4にコピーする

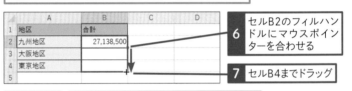

	A	B	C	D
1	地区	合計		
2	九州地区	27,138,500		
3	大阪地区			
4	東京地区			
5				

6 セルB2のフィルハンドルにマウスポインターを合わせる

7 セルB4までドラッグ

数式がコピーされた	九州地区における「海鮮茶漬け」の2022年の売上金額をセルD7に表示する

⏱ 時短ワザ

リボンから関数を選択するには

GETPIVOTDATA関数は、関数の分類では、「検索/行列」です。関数の分類が分かっている場合は、次のようにリボンから入力すると、手早く入力できます。

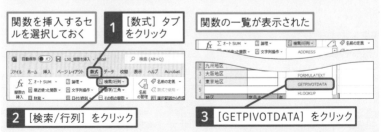

関数を挿入するセルを選択しておく

1 [数式] タブをクリック

2 [検索/行列] をクリック

関数の一覧が表示された

3 [GETPIVOTDATA] をクリック

3 地区の特定商品の年間売上を表示する

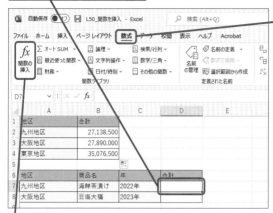

1 セルD7をクリックして選択

2 [数式] タブをクリック

3 [関数の挿入] をクリック

🔆 使いこなしのヒント

GETPIVOTDATA関数の引数には何を指定するの?

GETPIVOTDATA関数の引数に入力する内容は以下の通りです。手順2では、地区別の売上金額を求めています。なお、[データフィールド] に文字列を入力すると、自動的に「"」でくくられます。

◆データフィールド
取り出すデータが入ったフィールド名を指定する。半角の「"」で囲って指定する

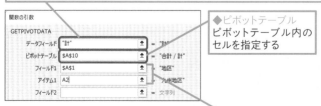

◆ピボットテーブル
ピボットテーブル内のセルを指定する

◆フィールド1,アイテム1,…
フィールド名とアイテム名(項目名)をセットで指定する。フィールド名は半角の「"」で囲んで指定、アイテム名は日付と数値以外は半角の「"」で囲んで指定する

次のページに続く →

●数式を完成させる

手順1を参考に [関数の挿入] ダイアログボックスでGETPIVOTDATA関数を選択する	[関数の引数] ダイアログボックスが表示された

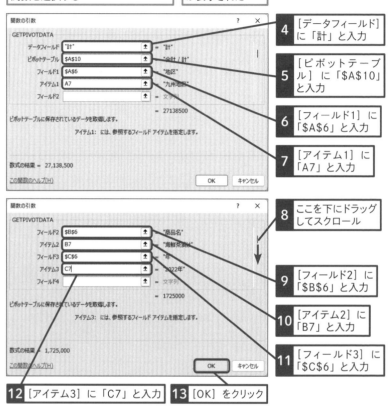

4 [データフィールド] に「計」と入力

5 [ピボットテーブル] に「$A$10」と入力

6 [フィールド1] に「$A$6」と入力

7 [アイテム1] に「A7」と入力

8 ここを下にドラッグしてスクロール

9 [フィールド2] に「$B$6」と入力

10 [アイテム2] に「B7」と入力

11 [フィールド3] に「$C$6」と入力

12 [アイテム3] に「C7」と入力　**13** [OK] をクリック

使いこなしのヒント

セル番号に「$」を付ける意味とは

作成した数式をコピーしたとき、数式で参照しているセル番号が相対的に変わらないようにするには、「$」を使ってセルの参照方法を絶対参照にします。列番号と行番号の前に「$」を付けると、列も行も固定されます。
列の参照先のみ固定するには列番号の前だけに「$」を付け、行の参照先のみ固定するには行番号の前だけに「$」を付けましょう。

●数式が挿入できた

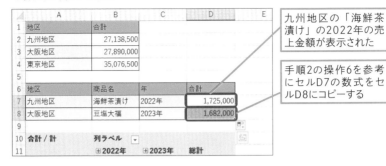

	A	B	C	D	E
1	地区	合計			
2	九州地区	27,138,500			
3	大阪地区	27,890,000			
4	東京地区	35,076,500			
5					
6	地区	商品名	年	合計	
7	九州地区	海鮮茶漬け	2022年	1,725,000	
8	大阪地区	豆塩大福	2023年	1,682,000	
9					
10	合計 / 計	列ラベル			
11		⊕2022年	⊕2023年	総計	

九州地区の「海鮮茶漬け」の2022年の売上金額が表示された

手順2の操作6を参考にセルD7の数式をセルD8にコピーする

⏱ 時短ワザ

もっと簡単に関数を入力するには

GETPIVOTDATA関数は、[関数の引数]ダイアログボックスを使わずにマウスを使って簡単に入力する方法もあります。それには、結果を表示するセルを選択し、「=」を入力した後、ピボットテーブル内の参照したいセルをクリックします。

なお、この方法は、引数にフィールドのアイテム名が直接指定されます。式をコピーして利用する場合は、そのままコピーしてしまうとエラーになってしまう場合があります。必要に応じて引数に指定されている値をセル番号に変更しましょう。

💡 使いこなしのヒント

数式を修正するには

後から数式を修正するには、数式が入力されているセルを選択し、次のように数式バーを使って操作しましょう。

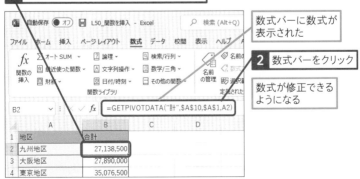

1 数式が入力されたセルをクリックして選択

数式バーに数式が表示された

2 数式バーをクリック

数式が修正できるようになる

	A	B	C	D
		fx	=GETPIVOTDATA("計",$A$10,$A$1,A2)	
1	地区	合計		
2	九州地区	27,138,500		
3	大阪地区	27,890,000		
4	東京地区	35,076,500		

B2

51 データがないときに 「0」と表示するには

動画で見る

空白セルに表示する値　　　　　　　　練習用ファイル　L51_空白セル.xlsx

空白セルに「0」を表示する

ピボットテーブルでは、集計の対象が存在しない場合、セルが空白になります。しかし、セルを空白のままにしないで「0」や何らかの文字などを表示しておきたいケースもあるでしょう。その場合は、空白セルに表示する値を指定します。

Before

データがないセルが
空白になっている

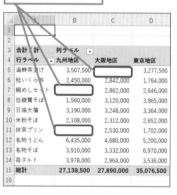

→

After

データがないときに「0」と
表示するように設定できる

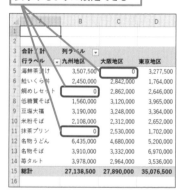

💡 使いこなしのヒント

後から「0」を入力する手間が省ける

上の画面は、ピボットテーブルで集計値がないセルに、「0」を表示するように設定した例です。[After]の画面を見ると、空白だったセルに「0」が表示されたことが分かります。
なお、このレッスンで紹介する方法で空

白セルに「0」が表示されるように設定しておくと、ピボットテーブルの値をほかのセルに貼り付けたときも、貼り付け先に「0」が表示されます。後から「0」を入力する手間が省けて便利です。

1 空白セルの設定を変更する

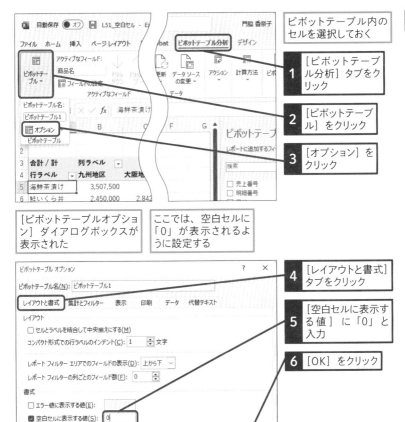

ピボットテーブル内の
セルを選択しておく

1 [ピボットテーブル分析] タブをクリック

2 [ピボットテーブル] をクリック

3 [オプション] をクリック

[ピボットテーブルオプション] ダイアログボックスが表示された

ここでは、空白セルに「0」が表示されるように設定する

4 [レイアウトと書式] タブをクリック

5 [空白セルに表示する値] に「0」と入力

6 [OK] をクリック

データがないセルに「0」と表示された

52 グループごとに ページを分けるには

改ページ　　　　　　　　　　　　練習用ファイル　L52_改ページ.xlsx

分類別にページを分けて印刷できる

ピボットテーブルで、分類別に集計した表を印刷すると、新しい分類がページの終わりの方から印刷され、分類の区切りが分かりづらいことがあります。そのような場合は、分類が変わるたびに自動的に改ページが入るように設定しましょう。

Before

分類の区切りが分かりにくいので、どこの地区の売上金額かすぐに分からない

After

分類の区切りで改ページすれば、どこの地区の売上金額かを把握しやすくなる

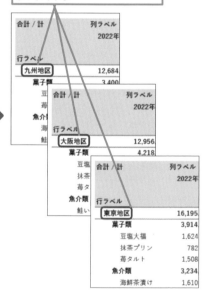

活用編　第8章　ひとつ上のテクニックを試そう

1 改ページを設定する

1 改ページする分類の項目をクリック

2 [ピボットテーブル分析] タブをクリック

3 [フィールドの設定] をクリック

⚠ ここに注意

操作1で分類のフィールドを選択せずに [フィールドの設定] ボタンをクリックしてしまったときは、次ページの画面で [キャンセル] ボタンをクリックし、手順1から操作し直します。

☀ 使いこなしのヒント

指定した場所で改ページするには

指定した場所に改ページを挿入するには、改ページをする行や列を選択し、[ページレイアウト] タブの [改ページ] ボタンをクリックして、[改ページの挿入] をクリックします。これで、選択している行の上か列の左で改ページされます。また、[表示] タブの [改ページプレビュー] ボタンをクリックすると表示される改ページプレビュー画面に切り替えると、改ページ位置が青い線で表示されます。青い線をドラッグして改ページ位置を調整できます。改ページプレビュー画面から元の画面に戻るには、[表示] タブの [標準] ボタンをクリックします。

改ページを挿入する行を選択しておく

1 [ページレイアウト] タブをクリック

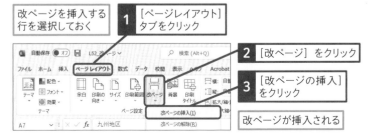

2 [改ページ] をクリック

3 [改ページの挿入] をクリック

改ページが挿入される

次のページに続く ➡

● [フィールドの設定] ダイアログボックスで設定する

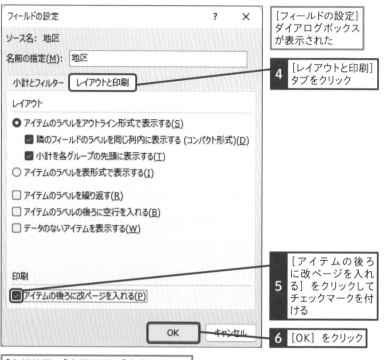

フィールドの設定 ? ×	[フィールドの設定] ダイアログボックスが表示された
ソース名: 地区	
名前の指定(M): 地区	
小計とフィルター **レイアウトと印刷**	**4** [レイアウトと印刷] タブをクリック

レイアウト
- アイテムのラベルをアウトライン形式で表示する(S)
  - ☑ 隣のフィールドのラベルを同じ列内に表示する (コンパクト形式)(D)
  - ☑ 小計を各グループの先頭に表示する(T)
- ○ アイテムのラベルを表形式で表示する(I)

□ アイテムのラベルを繰り返す(R)
□ アイテムのラベルの後ろに空行を入れる(B)
□ データのないアイテムを表示する(W)

印刷

☑ アイテムの後ろに改ページを入れる(P)

5 [アイテムの後ろに改ページを入れる] をクリックしてチェックマークを付ける

OK キャンセル

6 [OK] をクリック

「九州地区」「大阪地区」「東京地区」の
分類で改ページされた

🔲 ショートカットキー

[印刷] の画面の表示
Ctrl + P

⚠ ここに注意

手順1の操作1で改ページする分類の項目
を選択していないと、分類別に正しく改
ページされません。その場合は、[元に戻

す] ボタン (↺) をクリックして設定を
元に戻してから、手順1の操作1から操作
し直します。

ピボットグラフを大きく印刷するには

ピボットグラフを印刷するとき、ピボットグラフだけを用紙いっぱいに大きく印刷するには、ピボットグラフを選択した状態で印刷を実行します。

また、ピボットグラフ以外の内容も一緒に印刷するときは、グラフ以外のセルを選択してから操作しましょう。

グラフを印刷するときは、印刷前に選択していた個所によって、印刷対象が変わるので、注意してください。

●ピボットテーブルとグラフの印刷

通常の印刷ではピボットテーブルとグラフの両方が印刷される

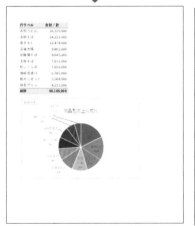

ピボットテーブルとグラフが一緒に印刷される

●ピボットグラフのみの印刷

ピボットグラフをクリックして印刷プレビューを表示すると、ピボットグラフだけを印刷できる

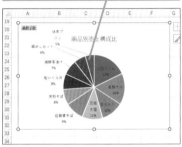

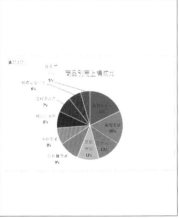

用紙にグラフのみを大きく印刷できる

スキルアップ

エラー値をほかの文字に変更するには

集計結果にエラー値が表示されてしまった場合は、エラーの内容を確認して修正しましょう。ただし、集計元のリストの内容によってはエラーを避けられないこともあります。エラー値をほかの文字に変更するには、次のように操作します。

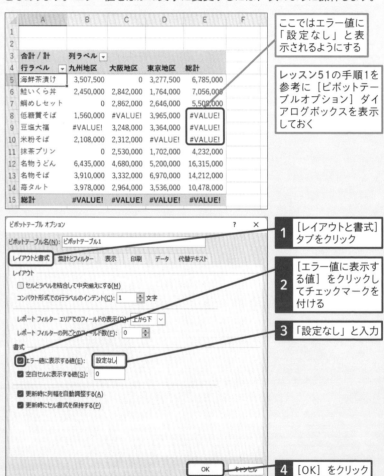

ここではエラー値に「設定なし」と表示されるようにする

レッスン51の手順1を参考に [ピボットテーブルオプション] ダイアログボックスを表示しておく

1 [レイアウトと書式] タブをクリック

2 [エラー値に表示する値] をクリックしてチェックマークを付ける

3 「設定なし」と入力

4 [OK] をクリック

活用編

第 9 章

複数のテーブルを
集計しよう

ピボットテーブルを作成するときは、「顧客」「商品」「売
上」「明細」などの複数のテーブルを元に作成できます。
ただし、複数のテーブルを利用するには、リレーション
シップを設定するなどいくつかの準備が必要です。ほか
のテーブルのデータを参照する仕組みを設定し、ピボッ
トテーブルを作成する方法を知りましょう。

複数のテーブルとピボットテーブル　　**練習用ファイル**　なし

複数テーブルを使った集計とは

ピボットテーブルは、複数のテーブルを元に作成できます。データを複数のテーブルに分けるメリットは、テーマごとに情報を一元管理できることです。例えば、商品の売り上げを集計するとき、1つのテーブルに売り上げに関するデータを入力すると、同じ顧客や商品などの情報を何度も入力するため、データが膨大になってしまいます。また、顧客の住所が変わった場合、その情報をすべて修正しなければなりません。一方、複数のテーブルに分けて利用すれば、顧客番号や商品番号などのフィールドを通じてデータを参照するしくみを作るので、顧客や商品情報を一元管理できます。データの整合性を保つことが容易になり、データを管理しやすくなります。

●1つのテーブルにまとめた場合

商品番号	商品名	価格	日付	顧客名	住所	数量
S-2	ギフト（中）	2000	2023/04/01	山田一郎	東京都○○○	2
S-3	ギフト（大）	3000	2023/04/01	山田一郎	東京都○○○	1
S-2	ギフト（中）	2000	2023/04/02	斉藤太郎	埼玉県○○○	2
S-2	ギフト（中）	2000	2023/04/02	山田一郎	東京都○○○	3
・・・・	・・・・	・・・・	・・・・	・・・・	・・・・	・・・・

商品名や価格、顧客名、住所など、同じデータを何度も入力する手間がかかる

●複数のテーブルに分けた場合

商品に関するデータを「商品情報」テーブルとしてまとめる

商品番号	商品名	価格
S-1	ギフト（小）	1000
S-2	ギフト（中）	2000
S-3	ギフト（大）	3000
・・・・	・・・・	・・・・

1件分の注文に関するデータを「売上情報」テーブルとしてまとめる

売上番号	日付	顧客番号
U-1	2023/4/1	K-1
U-2	2023/4/2	K-3
U-3	2023/4/2	K-1
・・・・	・・・・	・・・・

商品番号	商品名	価格	日付	顧客名	住所	数量
S-2	ギフト（中）	2000	2023/04/01	山田一郎	東京都○○○	2
S-3	ギフト（大）	3000	2023/04/01	山田一郎	東京都○○○	1
S-2	ギフト（中）	2000	2023/04/02	斉藤太郎	埼玉県○○○	2
S-2	ギフト（中）	2000	2023/04/02	山田一郎	東京都○○○	3
・・・・	・・・・	・・・・	・・・・	・・・・	・・・・	・・・・

商品や顧客の情報を各テーブルのデータを参照して管理できる

顧客番号	顧客名	住所
K-1	山田一郎	東京都○○○
K-2	鈴木花子	神奈川県○○
K-3	斉藤太郎	埼玉県○○
・・・・	・・・・	・・・・

顧客に関するデータを「顧客情報」テーブルとしてまとめる

明細番号	商品番号	売上番号	数量
M-1	S-2	U-1	2
M-2	S-3	U-1	1
M-3	S-2	U-2	2
・・・・	・・・・	・・・・	・・・・

注文の売上明細に関するデータを「明細情報」テーブルとしてまとめる

次のページに続く ➡

全体の流れを把握しよう

複数のテーブルからピボットテーブルを作成するには、いくつかの準備が必要です。まずは、複数のテーブルを用意しましょう。例えば、顧客や商品ごとの売り上げを集計するには、顧客テーブル、商品テーブル、1件ごとの売り上げに関するデータが含まれるテーブル、個々の売り上げの明細データが含まれるテーブルなどを用意します。続いて、複数のテーブルにリレーションシップという「関連付け」を設定します。続いて、データモデルというデータのセットを元にピボットテーブルを作成します。複数のテーブルから[行]や[列]エリアに集計項目を追加し、集計する値を[値]エリアに追加しましょう。

☀ 使いこなしのヒント

他の形式のデータも利用できる

Accessなどリレーショナルデータベースソフトを使っている場合は、すでに複数のテーブルを使ってデータを活用していることも多いでしょう。そのような場合、テーブルやクエリのデータを読み込んで、Excelでそのまま活用することもできま

す。他の形式のファイルを読み込んだり、読み込んだデータを加工したりするには、Power Queryの機能を使用する方法があります。なお、本書では、Power Queryについては、紹介していません。

☀ 使いこなしのヒント

Power Pivotでリレーションシップを設定する

リレーションシップの設定は、複数のテーブルなどのデータのセットを管理するPower Pivotというアドインを使って

行うこともできます。なお、本書では、Power Pivotは紹介していません。

🔍 用語解説

リレーションシップ

リレーションシップとは、テーマごとに用意された複数のテーブルに関連付けを設定することです。リレーションシップ

の設定によって、ほかのテーブルのデータを参照して利用できるしくみを作成できます。

テーブルの作成

レッスン55

複数のテーブルを作成して準備します。このとき、ワークシートを分けてテーブルを作成しておくと、テーブルのデータを切り替えて見るときに便利です。

テーブルを準備する

ワークシートごとにテーブルを分けると、後から参照しやすくなる

リレーションシップの設定

レッスン56

リレーションシップの設定は、[リレーションシップの管理] ダイアログボックスで指定します。

準備した複数のテーブルを関連付ける

ピボットテーブルの設定

レッスン57

データモデルを元にピボットテーブルを作成します。ピボットテーブルのレイアウトやデザインの変更などは、これまでのレッスンで紹介した操作と同じです。

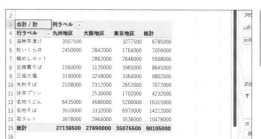

関連付けたテーブルのフィールドを使ってピボットテーブルを作成する

54 リレーションシップの基本を知ろう

リレーションシップの概念　　　　　**練習用ファイル**　なし

仕組みを理解する

複数のテーブルに分かれたデータをうまく活用するためには、ほかのテーブルのデータを参照して必要な情報を取り出せるように、テーブルにリレーションシップという関連付けの設定を行います。

具体的には、関連付けを設定する相互のテーブルに、共通のフィールドを設け、そのフィールドを結び付けます。一般的に、共通のフィールドの一方はテーブル内で重複しない値が入ります。もう一方は、同じデータが複数回登場する可能性があります。例えば、顧客情報テーブルと売上情報テーブルを結び付ける場合、顧客情報テーブルの［顧客番号］フィールドは、顧客ごとに固有の値が入ります。従って、売上情報テーブルの［顧客番号］フィールドを介して特定の顧客情報を参照できるようになります。

●複数のテーブルにあるデータをつなげる

商品番号	商品名	価格	日付	顧客名	住所	数量
S-2	ギフト（中）	2000	2023/04/01	山田一郎	東京都○○○	2
S-3	ギフト（大）	3000	2023/04/01	山田一郎	東京都○○○	1
S-2	ギフト（中）	2000	2023/04/02	斉藤太郎	埼玉県○○○	2
S-2	ギフト（中）	2000	2023/04/02	山田一郎	東京都○○○	3
・・・・	・・・・	・・・・	・・・・			・・・

活用編　第9章　複数のテーブルを集計しよう

◆商品情報テーブル

商品番号	商品名	価格
S-1	ギフト（小）	1000
S-2	ギフト（中）	2000
S-3	ギフト（大）	3000
・・・・	・・・・	・・・・

◆明細情報テーブル
明細情報テーブルの［商品番号］から商品テーブルの［商品番号］を参照する。また、明細情報テーブルの［売上番号］から売上情報テーブルの［売上番号］を参照する

明細番号	商品番号	売上番号	数量
M-1	S-2	U-1	2
M-2	S-3	U-1	1
M-3	S-2	U-2	2
・・・・	・・・・	・・・・	・・・・

売上番号	日付	顧客番号
U-1	2023/4/1	K-1
U-2	2023/4/2	K-3
U-3	2023/4/2	K-1
・・・・	・・・・	・・・・

◆売上情報テーブル
売上情報テーブルの［顧客番号］から顧客情報テーブルの［顧客番号］を参照する

顧客番号	顧客名	住所
K-1	山田一郎	東京都○○○
K-2	鈴木花子	神奈川県○○
K-3	斉藤太郎	埼玉県○○
・・・・	・・・・	・・・・

◆顧客情報テーブル

☀ 使いこなしのヒント

データの正規化が重要

集めたデータを、テーマごとに分類して複数のテーブルに分けて整理することを、データの正規化と言います。データの正規化は、さまざまなルールに沿って行います。詳しくは、『できるAccess 2019 Office 2019/Office 365両対応』などのデータベース関連の書籍などを参照してください。

次のページに続く➡

データを準備する

データを複数のテーブルに分けて管理するときは、まず、テーマごとにテーブルを分けます。例えば、売り上げを集計する場合、顧客に関する情報を含む顧客情報テーブル、商品に関する情報を含む商品情報テーブル、1件ごとの売り上げに関する情報を含む売上情報テーブル、個々の売り上げの明細データを含む明細情報テーブルなどが必要です。続いて、それぞれのテーブルの各データを識別するために、固有の値が入るフィールドを用意します。

また、売上情報テーブルには、どの顧客の売り上げなのかを参照するためのフィールド、明細情報テーブルには、どの商品の売り上げなのか、どの売り上げに関する明細なのかを参照するためのフィールドを用意します。

🔅 使いこなしのヒント

状況に応じてデータが重複しないようにする

本書では、操作手順が複雑にならないように、データの正規化を簡略化しています。そのため、[商品] テーブルの [商品分類] フィールドなどは、同じ値が登場しています。このような場合、厳密には、別途、[商品分類] テーブルなどを作成してテーブルを分割して利用することが望ましいでしょう。ただし、テーブルをあまり細かく分けすぎると、作業効率が悪くなることもあります。実際には、臨機応変な対応が必要です。

🔅 使いこなしのヒント

テーマやタイミングなどを考慮してテーブルを分ける

データを複数のテーブルに分けるときは、まずは、仲間探しのようにテーマに沿ってグループ分けをします。このとき、データが発生するタイミングを考慮すると、グループが見えてくることもあります。また、1つのテーブルに何度も同じ値が出ないようにチェックし、同じ値が出てくるときは、さらに細かくグループ分けをしてテーブルを分けます。

1.データをグループに分ける

2.テーブルのデータを識別するために固有のフィールドを用意する

3.ほかのテーブルを参照するためのフィールドを用意する

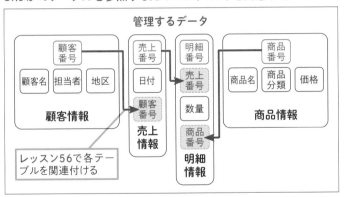

レッスン 55 まとめて集計できるように テーブルを準備するには

複数テーブルの作成　　　　　練習用ファイル　L55_複数テーブルの作成.xlsx

シートごとにテーブルを作成する

複数のテーブルにリレーションシップを設定するには、個々のリスト範囲をテーブル（33ページ参照）に変換する必要があります。ここでは、4つのテーブルを作成します。

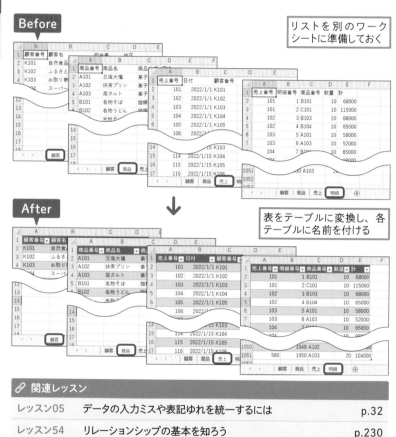

リストを別のワークシートに準備しておく

表をテーブルに変換し、各テーブルに名前を付ける

🔗 関連レッスン

1 リストをテーブルに変換する

ここでは [顧客] シートのリストをテーブルに変換し、
「顧客」と名前を付ける

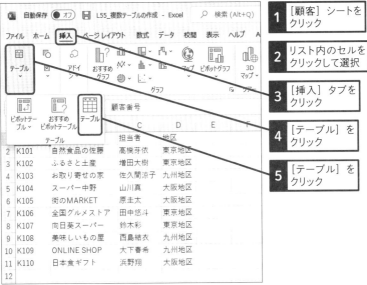

	顧客番号		C	D	E
			担当者	地区	
2	K101	自然食品の佐藤	高橋芽依	東京地区	
3	K102	ふるさと土産	増田大樹	東京地区	
4	K103	お取り寄せの家	佐久間涼子	九州地区	
5	K104	スーパー中野	山川真	大阪地区	
6	K105	街のMARKET	原圭太	大阪地区	
7	K106	全国グルメストア	田中悠斗	東京地区	
8	K107	向日葵スーパー	鈴木彩	東京地区	
9	K108	美味しいもの屋	西島結衣	九州地区	
10	K109	ONLINE SHOP	大下春希	九州地区	
11	K110	日本食ギフト	浜野翔	大阪地区	
12					

1 [顧客] シートを
クリック

2 リスト内のセルを
クリックして選択

3 [挿入] タブを
クリック

4 [テーブル] を
クリック

5 [テーブル] を
クリック

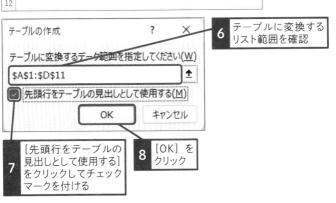

テーブルの作成 ? ×

テーブルに変換するデータ範囲を指定してください(W)

$A$1:$D$11 ↑

☑ 先頭行をテーブルの見出しとして使用する(M)

OK キャンセル

6 テーブルに変換する
リスト範囲を確認

7 [先頭行をテーブルの
見出しとして使用する]
をクリックしてチェック
マークを付ける

8 [OK] を
クリック

次のページに続く➡

2 テーブルに名前を付ける

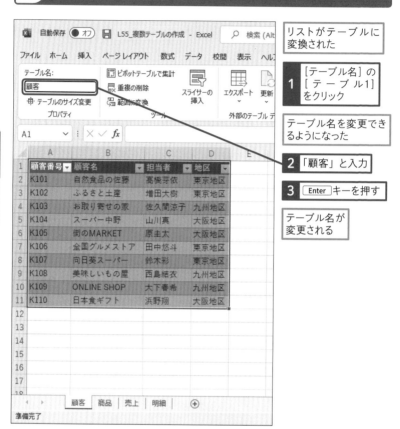

リストがテーブルに変換された

1 [テーブル名] の [テーブル1] をクリック

テーブル名を変更できるようになった

2 「顧客」と入力

3 Enter キーを押す

テーブル名が変更される

⚠ ここに注意

テーブルの名前の入力を間違えてしまったときは、テーブル内をクリックし、[デザイン] タブの [テーブル名] に名前を入力し直します。

3 各シートの表をテーブルにする

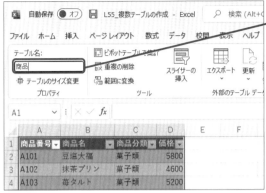

1 手順1から手順2を参考に、[商品] シートのリストを [商品] テーブルに変換

セルA1 〜 D11をテーブルに変換する

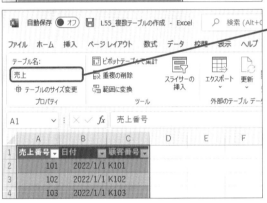

2 手順1から手順2を参考に、[売上] シートのリストを [売上] テーブルに変換

セルA1 〜 C481をテーブルに変換する

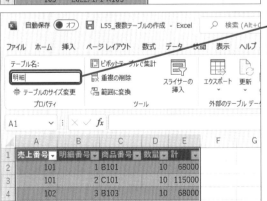

3 手順1から手順2を参考に、[明細] シートのリストを [明細] テーブルに変換

セルA1 〜 E1051をテーブルに変換する

リレーションシップ　　　　　　　　　**練習用ファイル**　L56_リレーションシップ.xlsx

共通フィールドをつなげる

テーブルにリレーションシップを設定するには、互いのテーブルの共通フィールド
をつなげます。ここでは、3つのリレーションシップを設定します。

Before

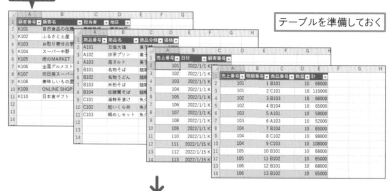

テーブルを準備しておく

↓

After

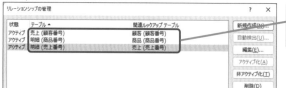

それぞれのテーブルにあるフィールドを関連付ける

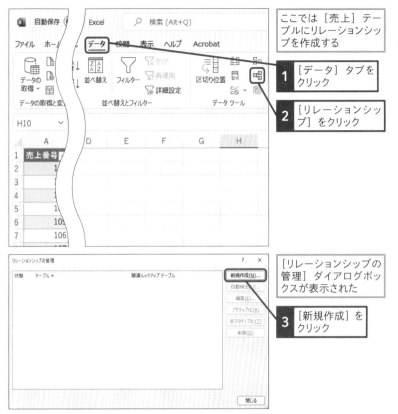

1 リレーションシップを作成する

ここでは [売上] テーブルにリレーションシップを作成する

1 [データ] タブをクリック

2 [リレーションシップ] をクリック

[リレーションシップの管理] ダイアログボックスが表示された

3 [新規作成] をクリック

💡 使いこなしのヒント

それぞれのテーブルにある共通フィールドをつなげる

左ページの [Before] の画面は、リレーションシップの設定を行う前の4つのテーブルです。[After] の画面はリレーションシップの設定画面です。ここでは、3つのリレーションシップを設定します。1つ目は、[顧客] テーブルと [売上] テーブルを [顧客番号] という共通フィールドで結び付けます。2つ目は、[商品] テーブルと [明細] テーブルを [商品番号] という共通フィールドで結び付けます。3つ目は、[売上] テーブルと [明細] テーブルを [売上番号] という共通フィールドで結び付けます。関連付けを設定するテーブル名と共通のフィールド名を指定します。

次のページに続く ➡

できる 239

●テーブルを指定する

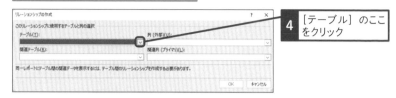

[リレーションシップの作成] ダイアログ
ボックスが表示された

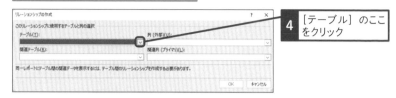

4 [テーブル] のここ
をクリック

ブックにあるテーブルの一覧が表示された

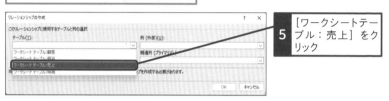

5 [ワークシートテー
ブル：売上] をク
リック

参照元のテーブルが選択された

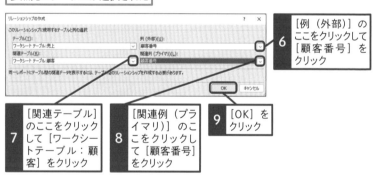

6 [例（外部）] の
ここをクリックして
[顧客番号] を
クリック

7 [関連テーブル]
のここをクリック
して [ワークシー
トテーブル：顧
客] をクリック

8 [関連例（プラ
イマリ）] のこ
こをクリックし
て [顧客番号]
をクリック

9 [OK] を
クリック

⚠ ここに注意

別名で保存する場合には注意しましょう。
リレーションシップを設定後、別の名前
でファイルを保存すると、データモデル
に追加したデータへの接続先が、別の名
前で保存する前のファイルのテーブルの
ままなります。その場合、元のファイル
を消してしまうと、データを更新したり
することができないため注意が必要です。
接続先を確認する方法は、249ページの
ヒントを参照してください。

2 別のリレーションシップを作成する

作成したリレーションシップが表示された

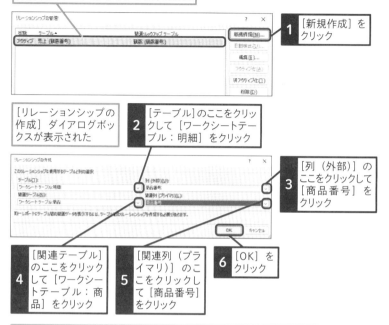

1 [新規作成] を
クリック

[リレーションシップの
作成] ダイアログボックスが表示された

2 [テーブル]のここをクリックして [ワークシートテーブル：明細] をクリック

3 [列（外部）] の
ここをクリックして
[商品番号] を
クリック

4 [関連テーブル]
のここをクリック
して [ワークシートテーブル：商品] をクリック

5 [関連列（プライマリ）] のこ
こをクリックして [商品番号]
をクリック

6 [OK] を
クリック

💡 使いこなしのヒント

[テーブル] に指定するテーブルを選ぶには

リレーションシップを設定するときは、互いのテーブルの共通フィールドをつなげます。一般的に、共通フィールドの片方は、テーブル内で固有の値が入力されるフィールドです。もう一方は、テーブル内で同じ値が繰り返して入力されるフィールドです。[リレーションシップの作成] ダイアログボックスの [テーブル]欄では、同じ値が繰り返して入力されるフィールドを含むテーブルを指定します。

💡 使いこなしのヒント

[関連テーブル] って何?

[リレーションシップの作成] ダイアログボックスの [関連テーブル] 欄では、固有の値が入力されるフィールドを含むテーブルを指定します。ここでは、[売上] テーブルと [顧客] テーブルの [顧客番号] フィールドを結び付けます。[関連テーブル] は、固有の値が入力されるフィールドを含む [顧客] テーブルを指定します。

次のページに続く ➡

●さらに別のリレーションシップを作成する

[明細] テーブルに作成したリレーション
シップが表示された

7 [新規作成] を
クリック

[リレーションシップの作成] ダイアログボックスが
表示された

8 [テーブル] のここをクリックして [データモデルの
テーブル：明細] をクリック

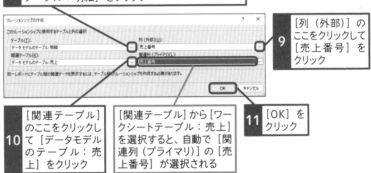

9 [列（外部）] の
ここをクリックして
[売上番号] を
クリック

10 [関連テーブル]
のここをクリックし
て [データモデル
のテーブル：売
上] をクリック

[関連テーブル] から [ワー
クシートテーブル：売上]
を選択すると、自動で [関
連列（プライマリ）] の [売
上番号] が選択される

11 [OK] を
クリック

使いこなしのヒント

[関連列（プライマリ）] って何?

手順1の操作8の画面の [関連列（プラ
イマリ）] には、プライマリキーを指定し
ます。プライマリキーとは、テーブル内
の個々のデータを区別するために用意す
るフィールドです。プライマリキーには、
ほかのデータと重複しない固有のデータ
を入力します。例えば、[顧客] テーブル
の場合、個々の顧客情報を識別するため
の [顧客番号] フィールドを、プライマ
リキーとして利用します。

ここでは、[顧客情報] フィールドが
プライマリキーとなる

● [顧客] テーブル

	A	B	C	D
1	顧客番号	顧客名	担当者	地区
2	K101	自然食品の佐藤	髙橋芽依	東京地区
3	K102	ふるさと土産	増田大樹	東京地区
4	K103	お取り寄せの家	佐久間涼子	九州地区
5	K104	スーパー中野	山川真	大阪地区
6	K105	街のMARKET	原圭太	大阪地区
7	K106	全国グルメストア	田中悠斗	東京地区

●すべてのリレーションシップが作成できた

[明細] テーブルに作成したリレーションシップが表示された

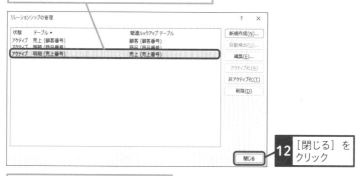

リレーションシップの管理

状態	テーブル ▲	関連ルックアップ テーブル
アクティブ	売上 (顧客番号)	顧客 (顧客番号)
アクティブ	明細 (商品番号)	商品 (商品番号)
アクティブ	明細 (売上番号)	売上 (売上番号)

新規作成(N)...
自動検出(U)...
編集(E)...
アクティブ化(A)
非アクティブ化(T)
削除(D)

12 [閉じる] をクリック

閉じる

[リレーションシップの管理] 画面が閉じる

リレーションシップの内容を確認したいときは手順1を参考に [リレーションシップ] をクリックする

使いこなしのヒント

自動検出するときは注意する

リレーションシップを設定せず、複数のテーブルからピボットテーブルを作成すると、次のようなメッセージが表示される場合があります。[自動検出] をクリックすると、リレーションシップを自動で設定できることもありますが、正しく設定されるとは限りませんので注意しましょう。

1 [作成] をクリック

ピボットテーブルのフィールド
アクティブ　すべて

レポートに追加するフィールドを選択してください:

テーブル間のリレーションシップが必要である可能性があります。

自動検出...　作成...

検索

手順1の[リレーションシップの作成]ダイアログボックスが表示される

複数のテーブルからピボット
テーブルを作成するには

動画で見る

複数テーブルの集計   **練習用ファイル**   L57_複数テーブルの集計

各テーブルのフィールドを集計する

複数のリストをテーブルに変換し、テーブル同士を結び付けるリレーションシップ
を設定したら、データモデルに追加したデータを元にピボットテーブルを作成し
てみましょう。

Before

複数のリストが
存在する

↓

After

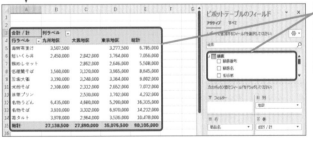

複数のテー
ブルを参照
してピボット
テーブルを
作成できる

🔗 関連レッスン

1 ピボットテーブルを作成する

ここではデータモデルからピボットテーブルを作成する

1 [明細] シートをクリック

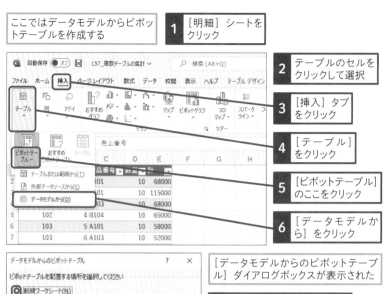

2 テーブルのセルをクリックして選択

3 [挿入] タブをクリック

4 [テーブル] をクリック

5 [ピボットテーブル] のここをクリック

6 [データモデルから] をクリック

[データモデルからのピボットテーブル] ダイアログボックスが表示された

7 [新規ワークシート] が選択されていることを確認

8 [OK] をクリック

使いこなしのヒント

データモデルって何?

データモデルとは、複数のリストから構成されるデータのセットのことです。複数のテーブルを元にピボットテーブルを作成するには、データモデルにデータを追加して利用します。レッスン56の手順でリレーションシップを設定すると、テーブルのデータがデータモデルに自動的に追加されます。

ここに注意

手順1の操作1で別のシートを選択した状態で作成すると、選択していたシートの左側にシートが追加されてピボットテーブルが作成されます。また、手順1の操作2でテーブル以外のセルを選択した状態で操作を進めると、次の画面で既存のワークシートにピボットテーブルを作成する状態になります。[新規ワークシート] を選択して画面を進めます。

次のページに続く→

●フィールド指定を開始する

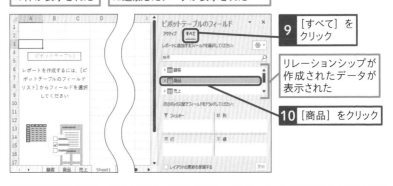

ピボットテーブルの枠が表示された	フィールドセクションにデータモデルに追加したデータが表示された

9 [すべて] をクリック

リレーションシップが作成されたデータが表示された

10 [商品] をクリック

2 各フィールドを配置する

ここでは [商品] テーブルの [商品名] フィールドを [行] エリアに配置する

1 [商品名] にマウスポインターを合わせる

2 [行] エリアにドラッグ

🔆 使いこなしのヒント

プライマリキーの値に注意しよう

プライマリキーに、重複する値が含まれていたり、プライマリキーに空欄の値が含まれていたりすると、ピボットテーブルで正しく修正できません。以下のようなメッセージが表示された場合は、プライマリキーの値を確認しましょう。

プライマリキーの値に問題があると、テーブルを更新したときにメッセージが表示される	メッセージには問題の解説が表示される

1 [OK] をクリック

活用編　第 **9** 章　複数のテーブルを集計しよう

● [行] エリアが作成された

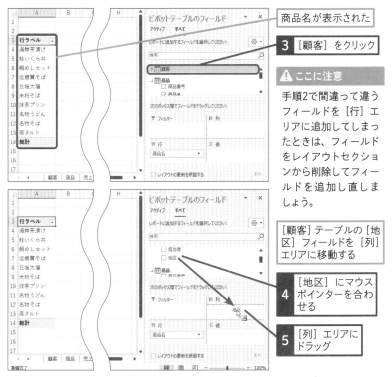

商品名が表示された

3 [顧客] をクリック

> ⚠ **ここに注意**
>
> 手順2で間違って違う
> フィールドを [行] エ
> リアに追加してしまっ
> たときは、フィールド
> をレイアウトセクショ
> ンから削除してフィー
> ルドを追加し直しま
> しょう。

[顧客] テーブルの [地
区] フィールドを [列]
エリアに移動する

4 [地区] にマウス
ポインターを合わ
せる

5 [列] エリアに
ドラッグ

57 複数テーブルの集計

💡 使いこなしのヒント

目的のフィールドを素早く見つけるには

フィールドの数が多い場合は、[フィー
ルドリスト] ウィンドウで目的のフィー
ルドを見つけにくいこともあるでしょう。
[フィールドリスト] ウィンドウからフィー
ルドを検索できます。以下のように操作
すると、フィールドを素早く見つけられ
るので便利です。

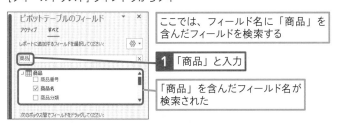

ここでは、フィールド名に「商品」を
含んだフィールドを検索する

1 「商品」と入力

「商品」を含んだフィールド名が
検索された

次のページに続く →

できる **247**

3 集計用のフィールドを配置する

地区名が表示された

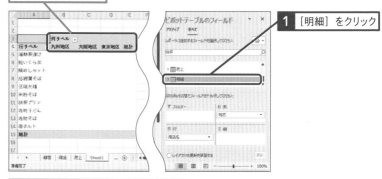

1 [明細] をクリック

[明細] テーブルの [計] フィールドを
[値] エリアに移動する

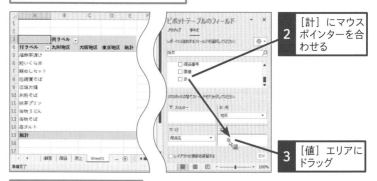

2 [計] にマウス
ポインターを合
わせる

3 [値] エリアに
ドラッグ

商品ごとに地区別の売上が
表示された

レッスン35を参考に数値にけた
区切りのコンマを表示しておく

接続先を確認する

テーブルをデータモデルに追加すると、[クエリと接続] 作業ウィンドウに接続先の情報が表示されます。詳細は、[接続のプロパティ] 画面に表示されます。接続先は、[定義] タブの [コマンド文字列] で確認できます。なお、「接続名」は、既定では、ファイル名の情報が入ります。ファイルをコピーした場合やファイル名を変更しても「接続名」は変わらないので注意してください。「接続名」を変更するには、「接続名」欄をクリックして入力します。

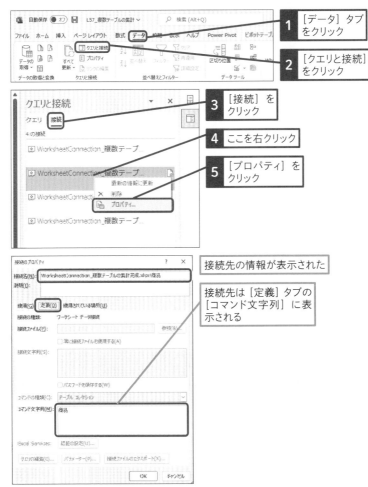

1 [データ] タブをクリック

2 [クエリと接続] をクリック

3 [接続] をクリック

4 ここを右クリック

5 [プロパティ] をクリック

接続先の情報が表示された

接続先は [定義] タブの [コマンド文字列] に表示される

スキルアップ

商品番号から売上合計を求めるには

ほかのデータベースソフトからインポートしたデータを利用するような場合は、[明細] テーブルに、「数量」×「価格」の金額の列がないこともあるでしょう。その場合は、VLOOKUP関数を使って、以下のような方法で、商品番号に対応する商品価格を探して計算する方法があります。また、既存のデータを有効に使うには、Power Pivotというアドインや、Power Queryの機能を利用する方法もあります。これらの機能を知れば、既存のデータの活躍の幅を広げられるかもしれません。

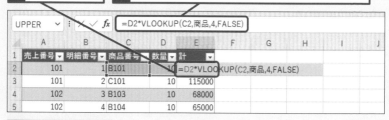

ここでは [計] 列に、「数量」と [商品] テーブルから参照した「価格」を掛けた結果を表示する

1 セルE2をクリックして選択

2 数式バーに「=D2*VLOOKUP(C2,商品,4,FALSE)」と入力

| UPPER | ✕ ✓ fx | =D2*VLOOKUP(C2,商品,4,FALSE) |

	A	B	C	D	E	F	G	H	I	J
1	売上番号	明細番号	商品番号	数量	計					
2	101	1	B101	10	=D2*VLOOKUP(C2,商品,4,FALSE)					
3	101	2	C101	10	115000					
4	102	3	B103	10	68000					
5	102	4	B104	10	65000					

3 Enter キーを押す

| E3 | ✕ ✓ fx | 115000 |

	A	B	C	D	E	F	G
1	売上番号	明細番号	商品番号	数量	計		
2	101	1	B101	10	68000		
3	101	2	C101	10	115000		
4	102	3	B103	10	68000		
5	102	4	B104	10	65000		
6	103	5	A101	10	58000		
7	103	6	A103	10	52000		
8	104	7	B104	10	65000		
9	104	8	C102	10	98000		
10	104	9	C103	10	108000		
11	105	10	B101	10	68000		

計算結果が表示され、[計] 列の残りのセルに計算結果が自動で表示された

索引

索引

できるサポートのご案内

本書の記載内容について、無料で質問を受け付けております。受付方法は、電話、FAX、ホームページ、封書の4つです。なお、A. ～ D.はサポートの範囲外となります。あらかじめご了承ください。

受付時に確認させていただく内容

① **書籍名・ページ**
　『**できるポケット ピボットテーブル**
　基本＆活用マスターブック
　Office 2021/2019/2016 & Microsoft 365対応』
② **書籍サポート番号→501535**
　※本書の裏表紙（カバー）に記載されています。
③ **お客さまのお名前**
④ **お客さまの電話番号**
⑤ **質問内容**
⑥ **ご利用のパソコンメーカー、**
　機種名、使用OS
⑦ **ご住所**
⑧ **FAX番号**
⑨ **メールアドレス**

サポート範囲外のケース

A. 書籍の内容以外のご質問（書籍に記載されていない手順や操作については回答できない場合があります）

B. 対象外書籍のご質問（裏表紙に書籍サポート番号がないできるシリーズ書籍は、サポートの範囲外です）

C. ハードウェアやソフトウェアの不具合に関するご質問（お客さまがお使いのパソコンやソフトウェア自体の不具合に関しては、適切な回答ができない場合があります）

D. インターネットやメール接続に関するご質問（パソコンをインターネットに接続するための機器設定やメールの設定に関しては、ご利用のプロバイダーや接続事業者にお問い合わせください）

問い合わせ方法

電話 （受付時間：月曜日～金曜日　※土日祝休み　午前10時～午後6時まで）

0570-000-078

電話では、上記①～⑤の情報をお伺いします。なお、通話料はお客さま負担となります。対応品質向上のため、通話を録音させていただくことをご了承ください。一部の携帯電話やIP電話からはご利用いただけません。

FAX （受付時間：24時間）

0570-000-079

A4サイズの用紙に上記①～⑧までの情報を記入して送信してください。質問の内容によっては、折り返しオペレーターからご連絡をする場合もあります。

インターネットサポート（受付時間：24時間）

https://book.impress.co.jp/support/dekiru/

上記の URL にアクセスし、専用のフォームに質問事項をご記入ください。

封書

〒101-0051
東京都千代田区神田神保町一丁目105番地
　　株式会社インプレス
　　できるサポート質問受付係

封書の場合、上記①～⑦までの情報を記載してください。なお、封書の場合は郵便事情により、回答に数日かかる場合もあります。

■著者
門脇香奈子（かどわき　かなこ）

企業向けのパソコン研修の講師などを経験後、マイクロソフトで企業向けのサポート業務に
従事。現在は、「チーム・モーション」でテクニカルライターとして活動中。主な著書に
『できるExcelピボットテーブル Office 2021/2019/2016 & Microsoft 365対応』
『できるポケット Excelピボットテーブル 基本＆活用マスターブック Office 365/
2019/2016/2013対応』（以上、インプレス）などがある。

●チームモーションホームページ
https://www.team-motion.com/

STAFF

シリーズロゴデザイン	山岡デザイン事務所 <yamaoka@mail.yama.co.jp>
カバー・本文デザイン	伊藤忠インタラクティブ株式会社
カバーイラスト	こつじゆい
本文イメージイラスト	ケン・サイトー
DTP制作	町田有美・田中麻衣子
編集制作	トップスタジオ
デザイン制作室	今津幸弘 <imazu@impress.co.jp>
	鈴木　薫 <suzu-kao@impress.co.jp>
制作担当デスク	柏倉真理子 <kasiwa-m@impress.co.jp>
デスク	荻上　徹 <ogiue@impress.co.jp>
編集長	藤原泰之 <fujiwara@impress.co.jp>

■商品に関する問い合わせ先

このたびは弊社商品をご購入いただきありがとうございます。本書の内容などに関するお問い合わせは、下記のURLまたは二次元バーコードにある問い合わせフォームからお送りください。

https://book.impress.co.jp/info/

上記フォームがご利用いただけない場合のメールでの問い合わせ先

info@impress.co.jp

※お問い合わせの際は、書名、ISBN、お名前、お電話番号、メールアドレス に加えて、「該当するページ」「具体的なご質問内容」「お使いの動作環境」を必ずご明記ください。なお、本書の範囲を超えるご質問にはお答えできないのでご了承ください。

● 電話やFAXでのご質問は、254ページの「できるサポートのご案内」をご確認ください。また、封書でのお問い合わせは回答までに日数をいただく場合があります。あらかじめご了承ください。
● インプレスブックスの本書情報ページ https://book.impress.co.jp/books/1122101073 では、本書のサポート情報や正誤表・訂正情報などを提供しています。あわせてご確認ください。
● 本書の奥付に記載されている初版発行日から3年が経過した場合、もしくは本書で紹介している製品やサービスについて提供会社によるサポートが終了した場合はご質問にお答えできない場合があります。

■落丁・乱丁本などの問い合わせ先

FAX　03-6837-5023

service@impress.co.jp

※古書店で購入された商品はお取り替えできません。

できるポケット

Excelピボットテーブル 基本 & 活用マスターブック Office 2021/2019/2016 & Microsoft 365対応

2022年10月21日　初版発行

著　者　門脇香奈子&できるシリーズ編集部

発行人　小川 亨

編集人　高橋隆志

発行所　株式会社インプレス
　　　　〒101-0051　東京都千代田区神田神保町一丁目105番地
　　　　ホームページ　https://book.impress.co.jp/

印刷所　図書印刷株式会社

ISBN978-4-295-01535-2 C3055